青少年编程能力等级测试专用教程

NCT
图形化编程·一级

中国软件行业协会培训中心　主编

U0272791

山东人民出版社·济南

国家一级出版社 全国百佳图书出版单位

图书在版编目（CIP）数据

NCT青少年编程能力等级测试专用教程．图形化编程．一级/中国软件行业协会培训中心主编．——济南：山东人民出版社，2022.6

ISBN 978-7-209-13624-2

Ⅰ．①N… Ⅱ．①中… Ⅲ．①软件工具–青少年读物 Ⅳ．①TP311.1-49

中国版本图书馆CIP数据核字（2021）第271088号

NCT青少年编程能力等级测试专用教程　图形化编程·一级

NCT QINGSHAONIAN BIANCHENG NENGLI DENGJI CESHI ZHUANYONG JIAOCHENG TUXINGHUA BIANCHENG YIJI

中国软件行业协会培训中心　主编

主管单位　山东出版传媒股份有限公司
出版发行　山东人民出版社
出 版 人　胡长青
社　　址　济南市市中区舜耕路517号
邮　　编　250002
电　　话　总编室（0531）82098914
　　　　　市场部（0531）82098027
网　　址　http://www.sd-book.com.cn
印　　装　山东临沂新华印刷物流集团有限责任公司
经　　销　新华书店

规　　格　16开（185mm×260mm）
印　　张　12.5
字　　数　180千字
版　　次　2022年6月第1版
印　　次　2022年6月第1次
ISBN 978-7-209-13624-2
定　　价　66.00元
　　　　　如有印装质量问题，请与出版社总编室联系调换。

编委会

主　　　任　付晓宇

副 主 任　韩　云　徐开德　陈　梦

编委会成员（按姓氏笔画排序）

邢恩慧　刘宏志　苏　亚　李孔顺　李旭健

李苏翰　杨晓东　张卫普　林晓霞　袁永峰

袁应萍　徐倩倩　徐新帅　黄志斌　康　洁

鲁　燃　温怀玉　颜炳杰　薛大龙

序　言

信息技术和人工智能技术的发展，为整个社会生产方式的改进和生产力的发展带来前所未有的提升。人工智能不仅已经融入我们生活的方方面面，也成为国家间战略竞争的制高点。培养创新型信息技术人才将成为国家关键领域技术突破的重中之重。

为贯彻国家《新一代人工智能发展规划》精神，教育部办公厅印发《2019年教育信息化和网络安全工作要点》，要求"在中小学阶段设置人工智能相关课程，逐步推广编程教育"，教育部教育信息化技术标准委员会（CELTSC）组织研制、清华大学领衔起草了《青少年编程能力等级》团体标准第1部分、第2部分，2019年10月全国高等学校计算机教育研究会、全国高等院校计算机基础教育研究会、中国软件行业协会、中国青少年宫协会联合发布了该标准。

NCT全国青少年编程能力等级测试基于《青少年编程能力等级》标准，并结合我国青少年编程教育的实际情况、社会应用及发展需要而设计开发，是国内首个通过CELTSC《青少年编程能力等级》标准符合性认证的等考项目。中国软件行业协会培训中心作为《青少年编程能力等级》团体标准的执行推广单位，已于2019年11月正式启动全国青少年编程能力等级测试项目，旨在促进全国青少年编程教育培训工作的快速发展，为中国软件、信息、人工智能等领域的人才培养和储备做出贡献。

为更好推动 NCT 发展，提高青少年编程能力，中国软件行业协会依据标准和考试大纲，组织业内专家编撰了本套《NCT 青少年编程能力等级测试专用教程》。根据不同测试等级要求，基于 6～16 岁青少年的学习能力和学习方式，本套教程分为图形化编程：Level 1～Level 3，共三册；Python 编程：Level 1～Level 4，共四册。图形化编程，可以让孩子在动画和游戏设计过程中，进行自我逻辑分析、独立思考，启迪孩子的创新思维，可以让孩子学会提出问题、解决问题，其成果直观可见，不仅帮助孩子体验编程的乐趣，还能增添孩子的成就感，进而激发孩子学习编程的兴趣。而 Python 作为最受欢迎的编程语言之一，已在大数据、云计算和人工智能等领域都有广泛的应用，缩短了大众与计算机科学思维、人工智能的距离。

本套教程符合当代青少年教育理念，课程内容按照从基本技能到核心技能再到综合技能的顺序，难度由浅入深、循序渐进。课程选取趣味性强、生活化的教学案例，帮助学生加深理解，提高学生的学习兴趣和动手实践能力。实例和项目的选取体现了课程内容的全面性、专业岗位工作对象的典型性和教学过程的可操作性，着重培养学生的实际动手能力与创新思维能力，以优化学生的知识、能力和素质为目的，使学生在学习过程中掌握编程思路，增强计算思维，提升编程能力。因此，本套教程非常适合中小学学校、培训机构教学及学生自学使用。

教程编写后，我们邀请全国业内知名专家学者、一线中小学信息技术课教师和专业培训机构人员组成了评审专家组，专家组听取了关于教程的编写背景、思路、内容、体系等方面的汇报，认真阅读了本套教程，对本套教程给予了充分肯定，同时提出了宝贵的修改建议，为教程质量的进一步提升指明了方向。经讨论，专家组给出如下综合评审意见：本套教程紧扣《青少年编程能力等级》团体标准，遵循青少年认知规律，整体框架和知识体系完整，结构清晰，逻辑性强，语言描述流畅，适合青少年阅读学习。课程内容由浅入深、层层递进，案例贴近生活，是对青少年学习编程具有很强示范性的好教程，值得推广使用。

　　未来是人工智能的时代，掌握编程技能是大势所趋。少年强则国强，青少年朋友在中小学阶段根据自己的兴趣，打好编程基础，对未来求学和择业都大有裨益。相信青少年在国家科技发展、解决国家核心科技难题方面，一定能做出自己应有的贡献。

目 录

第一单元
运动

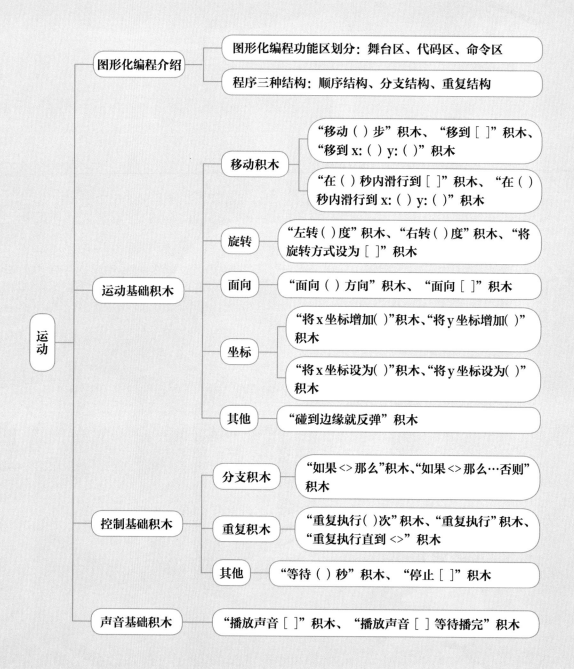

图形化编程介绍 ├─ 图形化编程功能区划分：舞台区、代码区、命令区
                ├─ 程序三种结构：顺序结构、分支结构、重复结构

运动
├─ 图形化编程介绍
│
├─ 运动基础积木
│   ├─ 移动积木 ─┬─ "移动（）步"积木、"移到［］"积木、"移到 x:（）y:（）"积木
│   │   └─ "在（）秒内滑行到［］"积木、"在（）秒内滑行到 x:（）y:（）"积木
│   ├─ 旋转 ── "左转（）度"积木、"右转（）度"积木、"将旋转方式设为［］"积木
│   ├─ 面向 ── "面向（）方向"积木、"面向［］"积木
│   ├─ 坐标 ─┬─ "将 x 坐标增加（）"积木、"将 y 坐标增加（）"积木
│   │   └─ "将 x 坐标设为（）"积木、"将 y 坐标设为（）"积木
│   └─ 其他 ── "碰到边缘就反弹"积木
│
├─ 控制基础积木
│   ├─ 分支积木 ── "如果<>那么"积木、"如果<>那么…否则"积木
│   ├─ 重复积木 ── "重复执行（）次"积木、"重复执行"积木、"重复执行直到<>"积木
│   └─ 其他 ── "等待（）秒"积木、"停止［］"积木
│
└─ 声音基础积木 ── "播放声音［］"积木、"播放声音［］等待播完"积木

第 1 课 动物运动会

加加是实验小学的一名小学生，她们学校每年都举办运动会，加加最喜欢的是一百米短跑，发令枪一响，运动员们像离弦的箭一样冲了出去，只用短短的十几秒就跑到了终点。加加学校最近开设了编程课，可以在电脑中制作有趣的程序，于是加加想用编程的方式做一个动物运动会的游戏。

现在请小朋友们启动电脑，和加加一起开启有趣的编程之旅吧。

双击电脑桌面上的图标 ⑧ 就可以启动图形化编程程序编辑器了，如图 1-1-1 所示，图形化编程程序编辑器被分成了不同的功能区。

1. 舞台区：显示程序运行的效果，舞台里的小猫我们称之为角色。

2. 代码区：把不同的积木拖动到代码区组合起来就可以控制角色了。

图 1-1-1

3. 命令区：存放编辑程序所用的各种积木，每个分类下有很多指令积木。

图形化编程编辑器中还有很多其他分区，我们将在后续课程中详细说明，本节课我们只用到这 3 个分区。

现在我们就可以把积木拖动到代码区了。

我们选择"事件"分类下的 [当▕▔▊被点击] 积木，然后添加"运动"分类下的 [移动 10 步]，把它们两个拼接在一起。（图 1-1-2）

图 1-1-2

再点击"运行"按钮（就是舞台上方的 ▊），看到小猫动了一下吗？

我们每次点击"运行"按钮都可以触发 [当▕▔▊被点击] 事件，该积木下面连接的程序就会重新执行一次，所以每点击一次小猫就前进 10 步。

但是这不是我们想要的，我们希望小猫能自动走路。

不要着急，这个程序之所以只能让小猫移动一次，是因为程序从上往下执行，依次执行后程序就自动停止了，我们需要借助另一个积木让程序能自动反复执行，就是"控制"分类下的"重复执行"。（图 1-1-3）

图 1-1-3

这个积木会自动重复"肚子"里包含的所有程序，我们只需要把"移动（　）步"积木放到其"肚子"里就可以了。（图 1-1-4）

再次点击"运行"按钮，我们可以看到小猫会一直走到舞台右侧边缘。

图 1-1-4

即使我们用鼠标把小猫拖回来，它仍然会再次走到右侧边缘，这说明我们的"重复执行"积木还在执行，一直没有停止。

点击红色的停止按钮 ⬡ 才可以把程序停下来。

程序停下来之后我们再把小猫拖回来，它就可以待在原地了。

小猫走路时没有迈步的动作，看起来很不自然，有没有能让小猫改变动作的指令呢？当然有了，小猫的外观叫作造型，我们只要改变小猫的造型就可以让它动起来了。

在"外观"分类下的 下一个造型 积木，就可以改变小猫的造型。

图 1-1-5

将这个积木加入"重复执行"里，再点击 ▶，小猫就会一边迈步一边移动了。（图 1-1-5）

我们可以用程序控制一个角色了，如果换作另一个角色能不能控制呢？

点击编辑器右下角的选择角色按钮 🐱，你会看到很多角色，选一个喜欢的角色，会看到新角色已经添加到舞台里了。（图 1-1-6）

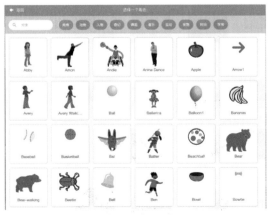 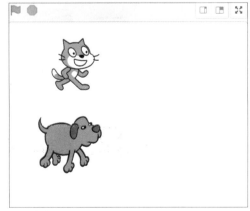

图 1-1-6

这时候的新角色身上没有任何程序，所以是不会动的，如果要控制这个新角色，还要再为它写一遍同样的程序，请同学们自己完成小狗的控制程序吧。

把两个角色放置在舞台左侧，点击"运行"按钮，可以看到两个角色都能向右移动了。这说明，"当 🏳 被点击"这个积木可以用在很多角色身上，只要点击"运行"，它们都能同时开始执行。

图 1-1-7

"移动（）步"积木上空白位置叫作"参数"，改变这个参数，可以改变角色的移动速度，让我们把小狗的移动速度改变一下试试吧！（图 1-1-7）

现在我们可以做一个跑步比赛的程序了，把小猫和小狗的速度改成不一样的数，看看谁跑得快吧。

另外，角色的默认方向是 90°，在属性栏中改变角色的方向，可以让角色朝不同的方向前进，大家可以自己试一下。

两个动物能以不同速度前进了，接下来我们需要让程序变得美观一些，为程序添加一个合适的背景是一个好主意。点击图形化编程编辑器右下角的 🖼，可以看到有很多漂亮的背景供我们使用。（图 1-1-8）

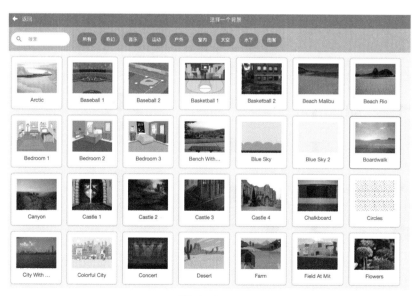

图 1-1-8

同学们根据本堂课的编程主题，选择自己喜欢的背景吧。

写好的程序需要保存起来，否则关闭程序的时候程序就丢失了，点击"文件"菜单下的"保存到电脑"，就可以保存程序了，保存的时候要记得自己保存在哪个文件夹里。以后可以点击"从电脑中上传"来打开自己的作品，继续编辑。（图 1-1-9）

图 1-1-9

现在请大家添加更多的动物来比赛吧！

程序清单

为了方便同学们学习，我们把本节课使用过的程序清单归纳如下（图 1-1-10）：

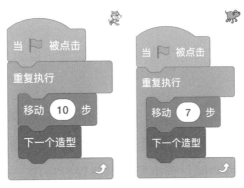

图 1-1-10

本堂课作为同学们的编程入门课程，只使用了 4 块程序积木实现了功能非常简单的程序，其实每个编程作品都可以做到功能丰富，逻辑复杂。等同学们完成了图形化编程其他知识的学习，可以结合以后的知识进一步完善自己的作品。例如，可以从素材网站上下载老虎、狮子等不同动物，甚至可以自己设计机器人来跟动物比赛，还可以设计难度不同的关卡，路上设置各种障碍物等。

关于动物运动会完整的编程作品，大家可以登录编程加加网站，下载其他老师和同学的作品，学习更高级的编程方法。

本书中涉及的所有编程案例，都可以扩展成为一个丰富多彩而且功能实用的程序，希望同学们在使用本教材时能做到融会贯通，学习了新知识之后能把之前做过的简单作品的功能逐渐丰富起来，在通过 NCT 青少年编程能力等级测试的过程中积累出自己的得意之作。

 ## 知识要点

1. 点击 ▶ 可以启动程序，点击 ⬡ 可以停止程序。

2. 程序都是以事件开头，最常用的是"当 ▶ 被点击"。

3. 每个角色都可以有自己的程序。

4. "移动（）步"积木可以让角色前进，改变角色的"方向"属性，可以让角色朝不同的方向前进。

5. "移动（）步"积木空白处可以修改的数字称为参数，改变参数可以改变角色的速度。

6. "重复执行"积木可以让其"肚子"里的程序反复执行。

7. "外观"分类下的"下一个造型"积木可以改变角色的造型。

8. "文件"菜单的"保存到电脑"可以保存程序，"从电脑中上传"可以再次打开程序继续修改。

 ## 考点练习

1. 以下能让角色产生移动 10 步的效果的是（　　）。

A. 　　　　B.

C. 　　　　D.

2. 某一角色只有如下所示的脚本。运行脚本后，该角色将（　　）。

　A．移动 10 步后停止　　　　　B．站在原地不动

　C．向前不停地运动　　　　　　D．移动 100 步后停止

3. 运行如下所示的脚本，角色朝哪个方向进行移动（角色初始面向 90°）（　　）。

　A．右　　　　　　　　　　　　B．左

　C．上　　　　　　　　　　　　D．下

 趣味练习

一、陪你去看流星雨

　　流星体受地球引力作用改变运行轨道，进入地球大气层，在下落过程中与地球的大气层剧烈摩擦燃烧，就形成了我们看到的流星。传说中对着流星许愿，愿望就能实现，现在让我们一起制作美丽的流星吧。

　　题目要求：从背景中选择星空背景，添加星星作为角色，写程序让流星

从左上角移动到右下角。（提示：改变角色的方向，可以改变角色的前进方向）（图 1-1-11）

图 1-1-11

二、端午节的龙舟比赛

每年农历的五月初五是中国的传统节日端午节，传说战国时期的楚国诗人屈原在五月五日跳汨罗江自尽，后人于是将端午节作为纪念屈原的节日，端午节在全国各地有不同的庆祝方式，有吃粽子、赛龙舟等。请小朋友们用本节课学过的编程知识做一个赛龙舟的游戏，选择一个有水的背景，添加两艘船当作龙舟，然后写程序控制船以不同的速度前进，看看哪条船先到达终点。（图 1-1-12）

图 1-1-12

题目要求：选择一个有水的背景做场景，选择至少两条船来比赛，当 🚩 被点击时让船以不同的速度从最左端移动到最右端。

第2课 整理房间的魔法

加加刚上小学的时候，还不会整理房间，她的房间总是乱乱的，有时候找不到自己的袜子，有时候忘了作业本放在哪里，有时候又弄丢了橡皮。妈妈说用完的东西要放回原来的位置，这样下次用的时候就很容易找到了，学习了编程后的加加突然想到一个好主意，能不能写程序让物品回到原位呢？

当然可以了，我们这节课将会学习如何控制角色的位置。

在图形化编程编辑器的右下方有一个角色的属性栏。（图1-2-1）

图 1-2-1

属性栏中展现的是当前选中角色的名称、位置、大小、方向、显示或隐藏。其中 x 代表角色的左右位置，我们称之为 x 坐标，y 代表角色的上下位置，我们称之为 y 坐标。改变 x 坐标和 y 坐标的数值，可以改变角色的位置。

角色位于舞台正中心的时候，x 坐标和 y 坐标都是 0。x 坐标数越大角色越靠右，数越小角色越靠左，舞台左边缘的 x 坐标是 -240，右边缘的 x 坐标是 240；y 坐标越大角色的位置越高，舞台上边缘的 y 坐标是 180，下边缘的坐标是 -180。

同学们可以把角色放到不同位置看看坐标是如何变化的。

现在我们打开上节课的作品，把角色放到舞台左边缘，看看两个角色的 x 坐标和 y 坐标是多少。（图1-2-2）

可以看到小猫的坐标是（-224，96），接下来我们只需要用"运动"分

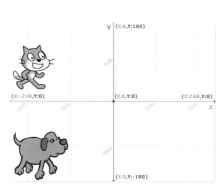  

图 1-2-2　　　　　　　　　　　　图 1-2-3

类下的"移到 x:（ ）y:（ ）"积木就可以让角色移动到指定位置了。

把小猫的程序改成如图 1-2-3 所示，角色每次都会回到初始位置开始移动了。

请同学们根据小猫的程序改写一下小狗的程序吧。

"运动"分类下还有很多控制角色位置的积木，其功能如下：

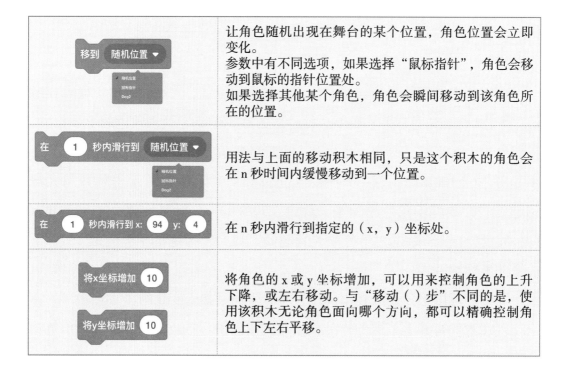

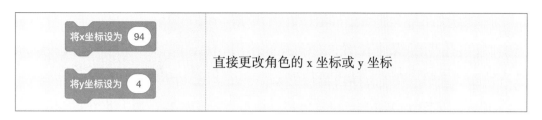

我们可以用 移到x: -224 y: 96 做一个整理房间的魔法。

首先点击编辑器右下方的积木选择背景，背景素材库中有很多房间类型供我们使用，从搜索栏输入关键字 room 就可以快速搜索出来。（图 1-2-4）

图 1-2-4

这个技巧同样可以用在角色的搜索时，只要知道要搜索角色的英文名称，就可以快速找到它们。现在我们需要从角色库中寻找一些卧室常用的物品，如水杯，衣服，足球等。设置它们的大小，让它们看起来自然一些。（图 1-2-5）

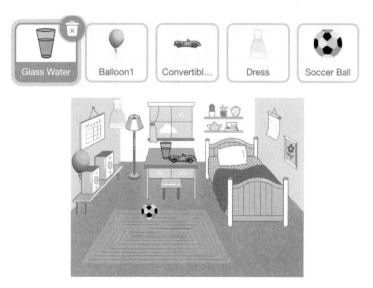

图 1-2-5

我们需要在每个物品上写程序，当  被点击时让它们回到某个位置，这次我们使用带有动画效果的"在（）秒内滑行到 x:（）y:（）"积木。（图 1-2-6）

图 1-2-6

你会发现一个小细节，每次选中一个角色之后，命令区的运动积木上的 x 和 y 坐标会自动改为当前角色的 x 和 y 坐标，这就省去了我们手工输入坐标的麻烦。

现在大家可以随便把房间里的东西乱放了，点击 ，它们就乖乖地回到自己位置上了。

图 1-2-7

如果嫌逐个拖动角色麻烦的话，我们还可以写程序先让角色移动到随机位置，等待 5 秒钟后再让它们移动回来。（图 1-2-7）

在程序里我们可以用移动积木让所有物体回到原来位置，在现实中还是要靠大家养成良好的生活习惯，做到用完的物品及时放回原位。

现在请大家为房间添加更多物品，让它们回到原位吧！

程序清单

由于所有物品的程序都类似，我们就不一一列举了，只为大家列举其中一种物品的控制程序。（图 1-2-8）

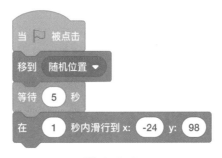

图 1-2-8

知识要点

1. x 坐标控制角色的左右位置，y 坐标控制角色的上下位置。

2. 舞台的总宽度是 480，总高度是 360，最左边点的 x 坐标是 –240，最右边点的 x 坐标是 240，最高点的 y 坐标是 180，最低点的 y 坐标是 –180。

3. 角色的 x 坐标是正数时，角色会在舞台的右半边；x 坐标是负数时，角色会在舞台的左半边。y 坐标是正数时，角色会在舞台的上半部分；y 坐标是负数时，角色在舞台的下半部分。

4. 运动积木是通过改变角色的 x 和 y 坐标来改变角色的位置。

5. "在（ ）秒内滑行到 x:（ ）y:（ ）"积木可以让角色缓慢移动到指定位置，形成动画。

6. "移到［随机位置］"积木，会让角色移动到舞台的一个随机位置上。

7. "移到［某个角色］"积木，可以让一个角色跟着另一个角色移动。

8. "控制"分类下的"等待（ ）秒"积木可以让程序暂时停止执行 n 秒。

9. 角色库和背景库都可以输入英文关键字进行搜索。

 考点练习

1. 下图中，坐标是（100，–100）的水果是（ ）。

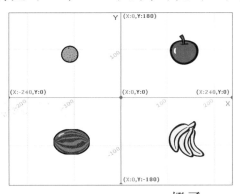

A．苹果 B．橙子

C．西瓜 　　　　　　　　　　 D．香蕉

2．小猫一开始在原点（0，0），执行下面程序后，坐标将变为（　　）。

A．（0，0） 　　　　　　　　B．（-150，200）

C．（-100，100） 　　　　　　D．（200，-150）

3．在图形化编程界面中的属性栏不可以更改的是（　　）。

A．角色的方向 　　　　　　　B．角色的坐标

C．角色的颜色 　　　　　　　D．角色的名称

 趣味练习

一、放飞节日的气球

　　加加的学校每年过六一儿童节的时候都会举行文艺汇演，这是加加最喜欢的一天了，同学们吹了很多气球，高兴地用手去拍气球，气球就飞起来了，现在我们可以用程序制作一个放飞气球的游戏。

　　题目要求：选择一个节日的场景，在场景中放置很多气球，当点击 🚩 时先让气球回到自己位置上，然后在 n 秒内滑行到天上。

提示：

1. 选中气球，点击"造型"按钮，可以更换不同的造型。

2. 让气球缓慢上升有两种方法

（1）用滑行积木，让角色从一个较低的 y 坐标移动到一个较高的 y 坐标上，只是注意移动前和移动后的 x 坐标不要相差太大，否则角色就成了斜方向上升了。

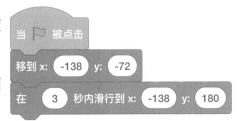

（2）用"重复执行"和"将 y 坐标增加（ ）"组合使用。

二、海盗的大炮

杰克船长驾驶海盗船在海上航行的时候突然遇到了敌人，眼看敌人就要发起进攻了，赶紧写程序让海盗船能发射炮弹打击敌人吧。

题目要求：游戏开始后让船从舞台左侧缓缓开出来，发射一枚炮弹后，炮弹先向右上方飞行，飞行一段时间后又慢慢掉下来。一发炮弹打完后，另一发炮弹还会继续发射。

提示：

1. 让船在1秒内移动到指定位置，此时可以先让炮弹藏在舞台边缘位置，等待1秒后再移动到船的位置，就能让炮弹看起来是从船上发出来的。

2. 炮弹先在1秒内移动到最高点，再在1秒内落到敌人身上，就可以做出炮弹先上升后下降的效果了。最高点的坐标和落点的坐标可以通过拖动炮弹的方式查看。炮弹的控制程序可以参考下图。

三、蹦蹦床

加加的妹妹有一次在公园玩了蹦蹦床，从此就喜欢上了这项运动，整天吵着要玩蹦蹦床，加加于是想用程序做一个蹦蹦床给妹妹玩。现在请小朋友们用程序控制角色上升后再下降，模拟蹦床游戏吧。

提示：我们可以在妹妹上升到最高点的时候换成另一个造型，可以使用"外观"分类下的 积木。

第3课　扫地机器人

加加学校的操场常常很脏乱，主要原因是刮风的时候不知道从哪吹来一些碎纸、树叶。学校每天都要派专人花很长时间打扫操场。为了解决这个问题，加加决定设计一个机器人，让机器人四处移动，当碰到墙壁的时候会自动改变方向，碰到纸片和树叶就会自动清除。

为了让机器人能碰到墙壁自动改变方向，我们需要学几个新积木。

在"运动"分类下，还有几个功能很好玩的积木，一个是"碰到边缘就反弹"，它的作用是当角色碰到舞台边缘时让角色弹回来，弹回来的时候还会按照镜面反射的角度改变方向。还有一个是"将旋转方式设为［左右翻转］"，其作用是能让角色来回反弹时不会头朝下。（图1-3-1）

图1-3-1

首先我们设计一下场景，添加一个操场做背景，添加一个机器人做角色，在操场上放上垃圾。（图1-3-2）

图1-3-2

图 1-3-3   图 1-3-4

为每一个垃圾写程序，当点击 ▶ 时，让垃圾"移到[随机位置]"。（图 1-3-3）

然后写程序让机器人前进，前进的过程中加上"碰到边缘就反弹"积木。（图 1-3-4）

机器人只会左右走吗？把机器人的方向稍微改变一下就可以改变运动方向了。这是因为角色垂直撞到墙上，那么反退回来也是垂直的，角度稍微改变一下就可以让角色反弹回来的时候不会原路返回。

咦？机器人怎么会头朝下走呢？（图 1-3-5）

图 1-3-5

这是因为"碰到边缘就反弹"，改变了角色的角度，当角色反弹回来的时候头就朝下了。怎么解决这个问题呢？这就需要 将旋转方式设为 左右翻转 ▼ 积木了。

这块积木的作用是无论角色的方向朝向哪里，角色的造型只会左右翻转，不会上下颠倒。

将这块积木加入程序中，机器人不会头朝下走了。（图 1-3-6）

图 1-3-6

但是，碰到垃圾为什么没有捡起来呢？因为我们还没写捡垃圾的程序呀。

这时我们就需要理解一个概念——"侦测"，利用"侦测"分类下的"碰到〔 〕？"积木，可以检测到程序中角色碰到了谁。（图 1-3-7）

图 1-3-7

程序启动后，垃圾就要时刻侦测自己是否碰到机器人，如果碰到了机器人，就移动到垃圾桶里。

图 1-3-8

形状是六边形的侦测积木不能单独使用，我们需要再学习"控制"分类下的"如果＜＞那么"积木，与之配合。这个积木的作用是如果满足条件，就执行"肚子"里的程序，如果不满足条件，那就不执行。（图 1-3-8）

但是，只侦测一次不行，因为我们前面学过了，顺序执行的程序执行过一次之后就停止了，所以我们需要把侦测放到"重复执行"里。如图 1-3-9。

程序清单

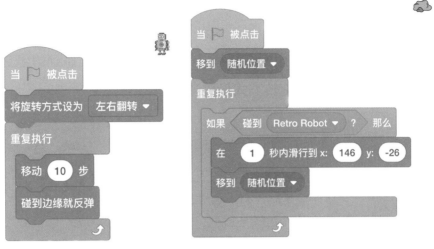

图 1-3-9

运行一下程序看看，我们的机器人是不是在到处行走，收集垃圾了？

同学们，请仿照清单中的程序继续添加更多垃圾到操场中，比比看谁的机器人打扫得又快又干净！

 知识要点

1. "碰到边缘就反弹"积木可以让角色碰到舞台边缘的时候反弹回来。

2. 角色的旋转方式有三种：不可旋转、任意旋转、左右翻转。

3. 设置旋转方式为"不可旋转"时，角色永远朝向一个方向。

4. 设置旋转方式为"任意旋转"时，角色可以朝向任意角度。

5. 设置旋转方式为"左右翻转"时，角色只能面向左或面向右。

6. "如果 < > 那么"积木是程序中重要的条件判断语句，这种程序执行方式称为分支结构。

7. "侦测"分类下的"碰到［］？"积木用来检测当前角色是否碰到另一个角色，需要配合"如果 < > 那么"积木一起使用。

考点练习

1. 小猫运动中，碰到边缘后倒立行走了，想让小猫碰到边缘后还是直立行走，我们应该增加将旋转方式设为（　　）。

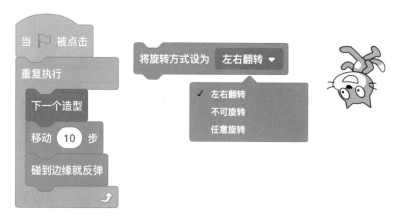

  A．左右翻转　　　　　　　　B．不可旋转

  C．任意旋转

2. 小狗看见前面有个甜甜圈，下列选项中，做任何操作都一定不能使小狗碰到甜甜圈后停下来的脚本是（　　）。

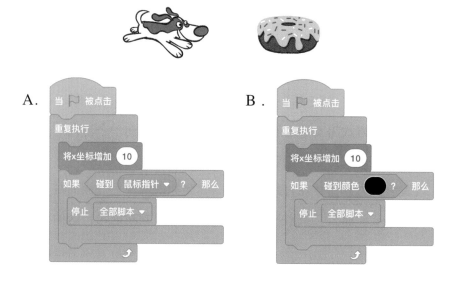

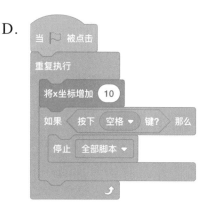

 趣味练习

一、游来游去的鱼

加加家的小区池塘里养了很多漂亮的小鱼，但是有一天，加加发现小鱼不会游泳了，请你写程序帮小鱼游起来吧。

（提示：小鱼有很多造型，点击"造型"按钮，可以切换不同的造型）

题目要求：选择一个池塘背景，添加至少三条造型不同的鱼，点击 🏴 后小鱼能左右来回游动，碰到池塘边缘能游回来，并且不能头朝下方游动。

二、捉虫吃的小鸟

害虫会吃植物的叶子和根茎，植物就会生病。加加想设计一种机械鸟，机械鸟能自动到处飞行，碰到害虫就能把害虫捕捉起来，请同学们帮加加编写机械鸟的控制程序吧!

　　题目要求:选择一个森林背景,在场景中添加几种害虫,写程序让害虫每隔几秒钟就移到一个随机位置,添加一只自己喜欢的鸟,写程序控制鸟四处飞行,碰到害虫之后让害虫移动到一个小篮子里。

　　提示:在重复执行中让害虫等待几秒滑行到一个随机位置,在另一个重复执行中判断害虫是否碰到机械鸟,如果碰到了可以使用"控制"分类下的"停止[该角色的其他脚本]"来停止随机移动程序,然后再让害虫移动到篮子里。

第4课 修飞船的机器人

C国发射了一艘宇宙飞船到火星上，但是飞行过程中有陨石把飞船打坏了，由于这艘飞船是无人驾驶的，飞船上没有宇航员，所以需要派出一个机器人来修理飞船。（图1-4-1）

图 1-4-1

前几节课中我们学会了如何让角色上升下降，左右移动，这节课我们将学习如何用键盘来控制角色移动。

我们这节课要学习"事件"分类下的一个新积木，"当按下［］键"，这块积木的作用是判断用户是否按下了键盘的某个按键。

图1-4-2这段代码是典型的键盘控制角色的写法。这里实现了角色向左运动的控制，同学们能不能自己写出让角色向下、向上、向右的代码呢？

图 1-4-2

我们能控制机器人上下左右行走了，下一步要看看飞船的哪个部位被陨石破坏了。

添加一朵云到场景中，用它来代表飞船漏气的地方，在云上写程序，先移到一个飞船身上，如果碰到机器人，等待 5 秒然后隐藏起来。（图 1-4-3）

图 1-4-3

现在我们可以试验一下机器人能不能修好漏洞了。

为了让游戏更有趣，我们可以让机器人碰到漏洞时说一句"开始维修"，修好一个漏洞之后，我们可以让机器人说一句"修好了"，这需要用到一个新的积木，一个能让角色头顶冒出一个说话气泡的积木。

"外观"分类下有 4 块积木，可以在角色上方显示一个说话的窗口。"说（）（）秒"积木，会显示一个气泡窗口，表示角色正在说话，等待几秒后窗口会自动消失。而"说（）"积木会让说话气泡一直显示，不会消失。（图 1-4-4）

"思考（）"积木的用法与说话积木基本相同，只是出现的气泡形状不同而已。"思考"积木一般用来表示角色的内心活动。

这里的"说（）"积木并不会让计算机发出声音，如果想让角色真正发出声音说话，则要用"播放声音"积木，而且要为角色制作配音，这些知识我们以后会学到。（图 1-4-5）

图 1-4-4

图 1-4-5

图 1-4-6

所以，我们应该在机器人身上写一个程序，在"重复执行"中判断，如果碰到了漏洞，就说"开始维修"，等待 5 秒后说"修好了"。（图 1-4-6）

修理飞船的过程中我们可以让机器人播放正在工作的声音，这会让程序显得更真实。

选中机器人，点击"声音"选项 。

我们会看到机器人角色自带了 3 个声音，点击"播放"按钮 ，可以试听每一个声音。

回到"代码"窗口 可以添加播放声音的程序了。

如果觉得机器人自带的 3 种声音不能满足我们的要求，我们还可以对声音进行编辑。（图 1-4-7）

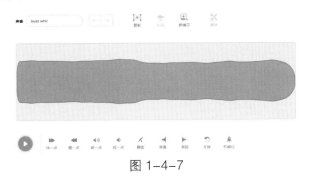

图 1-4-7

　　这里有丰富的调节声音的功能，可以把声音变得快一点，慢一点，响一点，轻一点等，还能把声音变得更像机器人发出的声音。如果觉得声音太长了，还可以把多余的部分剪掉。

　　如果觉得这些功能仍然不能满足需求，我们还可以点击 ，打开声音素材库，这里面有几百种不同的声音可供选择。（图1-4-8）

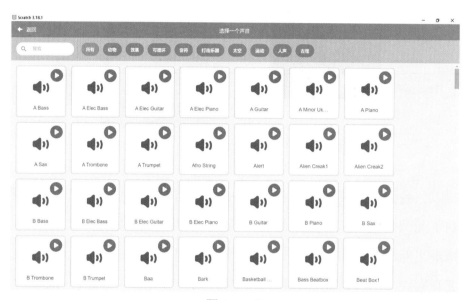

图1-4-8

　　根据自己的需求，进行组合或编辑，这些声音能满足我们大部分需求了。利用"播放声音［ ］等待播完"积木就可以播放声音了。

　　为了让飞船的飞行看起来更生动有趣，我们可以改变飞船的造型。把变换"下一个造型"的程序放在重复执行命令里，飞船就能一直不断地变换造型了。（图1-4-9）

图1-4-9

　　请大家开动脑筋想一想，是否可以让漏洞重复出现，可以让我们多次维修呢？

　　同学们还可以加入更多不同的声音，让程序更有趣味性。

程序清单

机器人的控制程序比较多，有 5 段程序。（图 1-4-10）

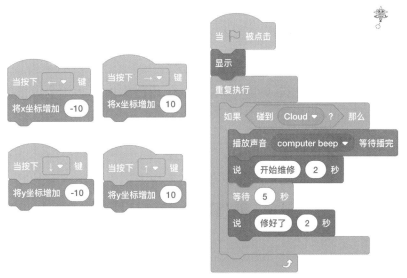

图 1-4-10

泄漏点和飞船的控制程序如下（图 1-4-11）：

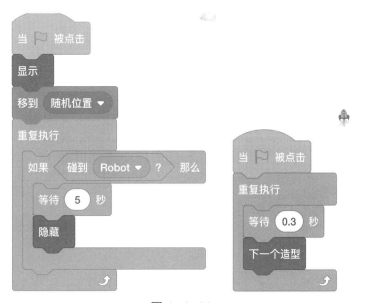

图 1-4-11

知识要点

1. "事件"分类下"当按下[ ]键"积木用来检测用户是否按下了键盘的某个键，实现用键盘控制角色。

2. "外观"分类下"说（ ）"积木可以在角色头顶显示一个说话的"气泡"对话框。

3. "声音"分类下"播放声音[ ]"积木可以让角色播放声音。

4. 从声音库中可以添加不同的声音到角色身上。

5. "外观"分类下"显示"和"隐藏"积木可以控制角色的显示和隐藏。

考点练习

1. 让角色弹出对话框所用的积木是（　　）。

A. 　　　　　B.

C. 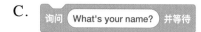　　　　　D.

2. 下面程序，哪一个需要通过键盘来启动角色运动（　　）。

A. 　　　　　B.

C. 　　　　　D.

3. 小黄想实现每次按下空格键，角色就跳跃一次的效果，以下积木中，能够实现这个效果的是（　　）。

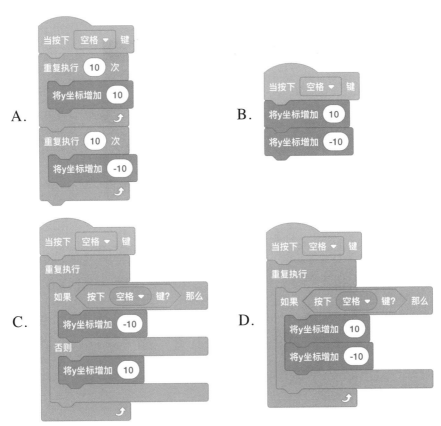

 趣味练习

一、S 星上的能量豆

S 星上突然来了一些外星害虫，它们正在破坏星球，于是地球指挥中心派出了机器人战士到 S 星对抗外星害虫，但是机器人需要使用能量豆来补充能量。

现在编写一个程序，做一个机器人，写程序控制它能朝四个方向行走，如果碰到黄色能量豆就播放吃到了能量的声音。如果碰到了害虫，就播放害虫被吃掉的声音，并且将害虫隐藏起来，移动到随机位置后再显示。

提示："侦测"分类下的 碰到颜色 ？ 积木，可以判断角色是否碰到某个颜色。

二、走过独木桥

加加小区的湖上有三座独木桥，加加很喜欢和小朋友在桥上玩，写一个程序让加加在独木桥上行走，如果碰到了水就算失败，退回原点重新走；如果到达了终点，就可以说"我胜利了"。

提示：该程序需要用到侦测分类下的"碰到颜色〔 〕？"，人物在行走过程中如果碰到了水的颜色则返回原点。

第 5 课 风力发电机

放假了，加加愉快地跟爸爸妈妈回老家，快到姥姥家时，加加看到山上有很多像风扇一样的装置，妈妈告诉加加这是风力发电机，只要有风就能发出电来，利用风力发电机发电很环保，可以很好地保护环境。于是加加想写一个程序，把风力发电机的样子做出来，等回到学校展示给同学们看。（图1-5-1）

图 1-5-1

风力发电机从外观来看主要由两部分组成，一是支撑发电模机的塔架，二是由扇叶带动的发电模组。我们翻遍了整个素材库，也没有找到制作风力发电站合适的角色，这该怎么办呢？

不要着急，图形化编程为我们提供了修改角色的功能，我们可以找到一个形状相近的角色改造成需要的模样，甚至完全自创一个角色。

利用图形化编程绘制新角色我们将在后续课程中详细讲解，本节课我们学习改变角色造型。

第一步，我们需要制作发电机的塔架。从角色库中找到一个形状与塔架类似的角色"Button3"，我们可以通过修改造型让它变成塔架。（图 1-5-2）

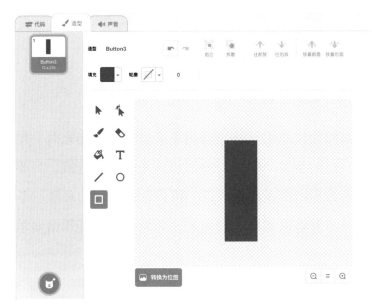

图 1-5-2

拖动角色四周的小点，就可以改变角色的形状，我们把这个按钮拉高，就变得像塔架了。

第二步，需要制作发电机的扇叶了。

从素材中找到 egg，在造型中，可以改变 egg 的形状，做成风扇的样子。（图 1-5-3）

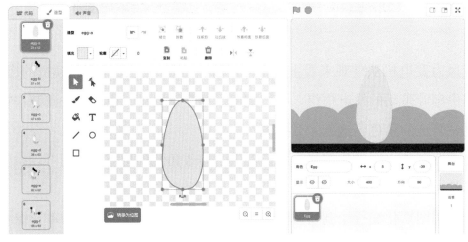

图 1-5-3

这个扇叶只有一个，我们看到的风力发电机有三个叶子，我们可以利用造型里的复制粘贴功能复制一个扇叶出来，选中后再通过 ↳ 图标改变造型的角度。（图1-5-4）

图1-5-4

第三步，要写程序让扇叶转起来了。这需要用

图1-5-5

到一个新积木，"右转（）度" 右转 ᗡ 15 度。点击这个积木，可以观察一下旋转15度是多少。如果把15度改成90度，大家看看旋转效果是否发生了变化。角色转动一圈总共是360度。把积木放到重复执行中，就能让角色不停地转动了。（图1-5-5）

看，风力发电机能转起来了。

右转叫作顺时针旋转，左转叫作逆时针旋转。同学们可以观察一下两块积木的不同之处。

好了，现在需要多加一个发电机，一起发电吧。

在角色上点击右键，可以轻松复制这个角色，而且角色身上携带的程序也会一起被复制，这样我们就能轻松制造出很多相同的发电机了。（图1-5-6）

图1-5-6

完成了程序之后，请同学们发挥想象，看能不能制作出不同种类的发电机呢？（图1-5-7）

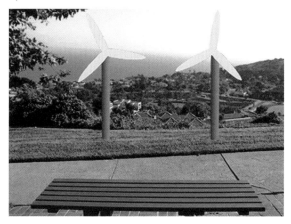

图1-5-7

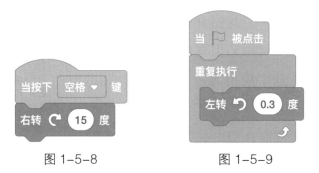

图 1-5-8　　　　　　　　　　图 1-5-9

风力发电机的优点是只要风速达到 3 米 / 秒就能正常工作，缺点是没有风或风速太小的时候就不能工作了。为了模拟风力发电机真实的工作情景，我们可以修改一下程序，当按住键盘的空格键时，代表有风的时候，这时候发电机就旋转，如果没有按住空格键，发电机就不转。（图 1-5-8）

我们还可以用程序模拟太阳和月亮的东升西落。从素材库中找到太阳角色，放入场景中，按照我们前面讲的方法让太阳旋转起来。（图 1-5-9）

奇怪，太阳在围绕自己转圈圈，并没有东升西落。

这是因为"左转（）度"积木是命令角色围绕物体的中心点旋转，"太阳"角色的中心点在自己身体的中间位置，所以"太阳"就会绕着自己旋转。我们可以点击"造型"选项，将太阳拖动离开中心点，如图 1-5-10：

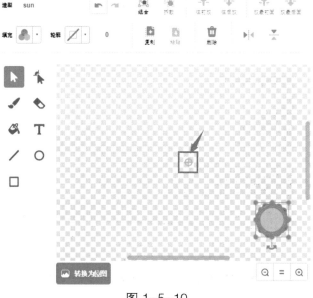

图 1-5-10

选中太阳后将它变小一点，然后放在画布的角落里。

现在运行程序，看到太阳在围绕中心点旋转了，适当调节角色的大小和位置，让太阳实现东升西落吧。

学会了控制太阳，同学们能不能自己做出月亮的升落呢？

程序清单

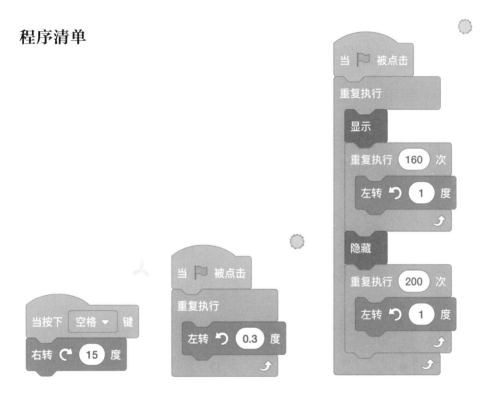

 知识要点

1. 角色旋转一圈总共是 **360** 度。

2. 向左旋转也叫作逆时针旋转，向右旋转也叫作顺时针旋转。

3. 点击"造型"选项，可以改变角色的造型。

4. 在"造型"中拖动造型周围的圆点可以改变角色的宽度和高度。

5. 在"造型"中点击"旋转"图标可以改变角色的方向。

6. 复制和粘贴功能可以制造很多相同形状的角色造型。

7. 在角色身上点右键—复制，可以复制该角色。

考点练习

1. 下列哪块积木，可以控制角色顺时针旋转（　　）。

A. 　　　　B.

C.　　　　D.

2. 小明想用编程来制作一个风车，下列哪一选项可以控制风车扇叶一直不停地旋转（　　）。

A. 　　　　B.

C.　　　　D.

 ## 趣味练习

一、姥姥家的挂钟

加加在姥姥家看到一个古老的时钟，老式的时钟跟电子手表不同，老式时钟有分针、时针，时钟内部通过齿轮传动装置，使分针转动一圈，时针就走一个数字。而且时钟下面的钟摆会来回摆动，每摆动一次时钟就咔嗒响一次。请你写一个程序，把时钟做出来。

题目要求：用"小球"角色通过复制粘贴的方法制作出钟表的表盘。

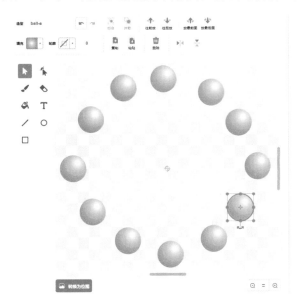

用一个长方形按钮制作钟表的分针和时针，写程序控制分针和时针实现转动。

二、电风扇

姥姥家没有安装空调，因为姥姥说农村不太热，用电风扇吹着就很凉快。加加仔细观察了电风扇的结构，发现电风扇与风力发电机构造很相似，你能做出电风扇转动的程序吗？

提示：风扇的底座、扇叶都可以用圆形或矩形按钮改变造型获得。

第6课　捕鱼大作战

姥姥家门口有一条小河，河里有很多鱼，加加和弟弟想去河边钓鱼，可是没有鱼竿，聪明的加加说："我们做一个钓鱼游戏吧，这样又能体会钓鱼的乐趣，又不伤害河里的鱼儿。"

弟弟觉得既然是做游戏，那就做得更有意思一些，可以做一个用炮弹捕鱼的游戏。

加加想了一会说："好吧，那我们做一个炮弹把渔网发射出去，如果碰到鱼就能自动把鱼抓回来。"

说干就干，咱们现在就准备素材，从背景中找一个池塘的背景，然后放上几条鱼游来游去。（图1-6-1）

图 1-6-1

鱼儿游来游去咱们前面已经学过了，"重复执行"配合"碰到边缘就反弹"，可以实现角色的往复运动，这段程序很实用，以后会经常用到。（图1-6-2）

接下来第二步，我们要做一个大炮，我们需要用键盘的左右方向来控制大炮的方向。

图 1-6-2

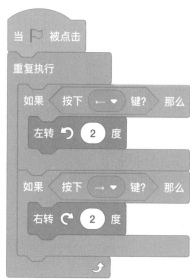

图 1-6-3

把麦克风倒过来，可以做一个好玩的大炮。用雪花当作渔网。用之前学过的"←""→"键盘按键来控制大炮的旋转。（图 1-6-3）

注意观察，大炮的旋转很奇怪，我们希望大炮围绕底部旋转，但是现在是以炮筒中点为中心旋转的。

我们可以在"造型"中移动大炮的位置，让大炮的根部处于造型的中心点（中心点位于画布的正中心）。（图 1-6-4）

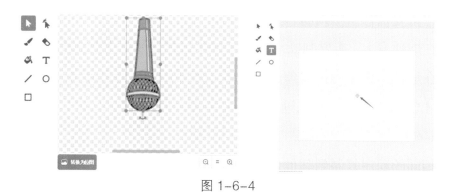

图 1-6-4

在"造型"中还可以旋转大炮的方向，让炮筒朝上。

当按下空格键的时候让雪花飞出，为了让雪花飞出的方向与炮筒一致，我们需要把旋转的代码在雪花身上也写一遍。复制代码有简便方法，直接拖

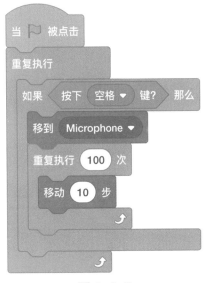

图 1-6-5　　　　　　　　　　　　　　图 1-6-6

动代码到另一个角色身上即可。

控制炮弹发射和飞行的代码如图 1-6-5。

当按下空格键的时候我们需要将已经发射出去的炮弹收回来，让它先回到大炮身边，然后重复执行 100 次前进。

现在炮弹能飞出去了，但是打到鱼儿之后没有任何反应，这是因为我们还没写碰撞检测程序。

在"重复执行"中判断，如果碰到鱼儿就让鱼儿移动到鱼篓位置。程序如果写在炮弹身上，需要判断与哪条鱼发生碰撞，那就需要我们写 4 个判断，而且要在炮弹的程序中控制鱼儿的隐藏，需要用到发送和接收广播，这是我们后面才学到的知识。所以这里我们把判断碰撞的程序直接写在鱼儿身上。（图 1-6-6）

把相同的程序复制到其他鱼儿身上，所有的鱼都可以被捕捉了。

程序运行起来后当渔网碰到鱼时，鱼先是移动到篮子里，然后又从篮子里游出来了，这是为什么呢？

我们发现，鱼身上有两个重复执行，一个是控制左右游动的，一个是控制碰到渔网回到篮子里的，这两个重复执行同时在执行，所以造成了程序错乱。我们希望鱼儿碰到渔网后停止左右游动的程序，这就需要用"停止［　］"
积木了。"停止［　］"积木有三个选项：

"停止［全部脚本］"会让整个程序所有角色身上
的所有程序停止运行。"停止［这个脚本］"会让当
前角色的当前脚本停止运行。"停止［该角色的其他
脚本］"会让当前角色的其他脚本停止运行，当前正
在运行的脚本不会停止。（图 1-6-7）

图 1-6-7

我们希望鱼的游动程序停止运行，所以应该选择"停止［该角色的其他
脚本］"。（图 1-6-8）

图 1-6-8

做完了程序之后，加加和弟弟玩得不亦乐乎。但是时间长了之后，弟弟
觉得用键盘控制大炮的转动有点麻烦，能不能用鼠标控制呀？只要我们用鼠
标指向某个方向，大炮就能朝向这个方向。

加加想了一下，那需要把程序改写一下，让大炮面向某个方向，"运动"
分类下有两块积木能控制角色的角度，"面向（ ）方向"和"面向［ ］"。"面
向（ ）方向"积木可以命令角色面向一个固定度数，例如向右是面向 90 度
方向，向上是面向 0 度，向下是面向 180 度，向左是面向 -90 度。"面向［ ］"，
可以让角色面向鼠标指针或者面向场景中的某个角色。程序会自动计算对方
角色所在位置，并让我们的角色面向它。

图 1-6-9

图 1-6-10

为大炮增加程序（图 1-6-9），就可以让大炮面向鼠标方向了。

为渔网增加程序（图 1-6-10），就可以让渔网面向鼠标方向发射了。

这里用到的新积木"按下鼠标？"可以侦测用户是否按下了鼠标左键。但是这块积木只是侦测积木，不是事件积木，侦测积木无法作为一个程序的入口，只能配合"如果＜＞那么"等控制积木使用，所以需要放在重复执行中，这样才能不断判断用户是否按下了鼠标。

做完这些工作后加加又为程序增加了大炮发射时的爆炸声音，弟弟玩得更高兴了。

程序清单

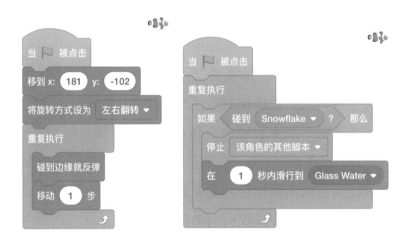

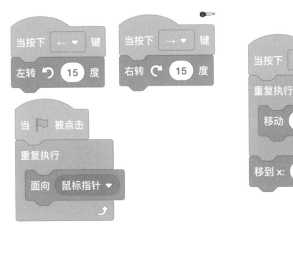

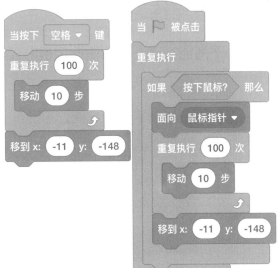

 知识要点

1. "重复执行（）次"积木，可以让程序执行 n 次后自动跳出循环，继续执行后续的代码。

2. 能让程序重复执行的结构叫作循环结构。

3. 程序的执行顺序有三种：顺序结构、分支结构、循环结构。

4. "面向（）方向"积木可以让角色朝向某个方向。

5. 角色面向 0 度是向上的方向，面向 90 度是向右，面向 180 度是向下，面向 –90（或 270）度是向左。

6. "面向［ ］"积木可以让角色面向鼠标指针或某个角色。

7. "侦测"分类下"按下鼠标？"积木可以判断用户是否按下了鼠标。

考点练习

1. 下列能实现小鱼做往返运动的程序是（　　）。

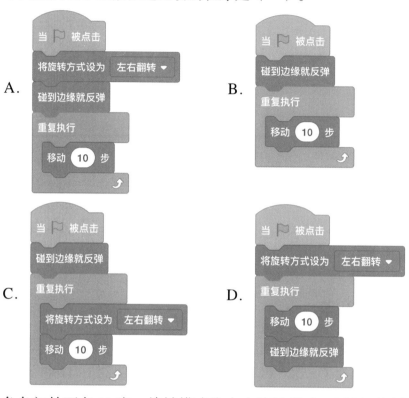

2. 角色初始面向 90 度，旋转模式为自由旋转模式，运行下图积木，则角色的最终朝向是（　　）。

A. 上   B. 下

C. 左   D. 右

3. 运行积木，角色共移动了（　　）步。注：仅填写数字。

 趣味练习

一、荡秋千

钓鱼玩累了，加加和弟弟悠闲地荡起了秋千，秋千左右摇摆着，加加感觉好舒服呀。现在请同学们用程序做一个好玩儿的秋千吧。

为了让加加能跟随秋千移动，我们需要把加加跟秋千合并到一个造型中。

点击"造型"中的"复制"和"粘贴"按钮，可以把两个角色合并成一个。这样我们就能写程序控制二者一起运动了。还要注意，秋千的中心点应该在绳子的上端。这样才能保证秋千正常摆动。

二、遨游太空的小火箭

加加看了一部讲述太空冒险的电影，也非常希望有一天能驾驶宇宙飞船遨游太空。学会了写程序之后，加加觉得我们可以先写一个遨游太空的游戏。我们先设计一个太空的背景，当按下键盘的向左键时，宇宙飞船面向 –90 度前进，按下键盘向上键时面向 0 度前进，按下向右按键时面向 90 度前进，按下向下时面向 180 度方向前进。

飞船在前进过程中需要躲避陨石，我们可以设计陨石碰到边缘就反弹，飞船在飞行过程中如果碰到陨石就播放爆炸的声音，并在 3 秒后回到初始位置重新开始游戏。

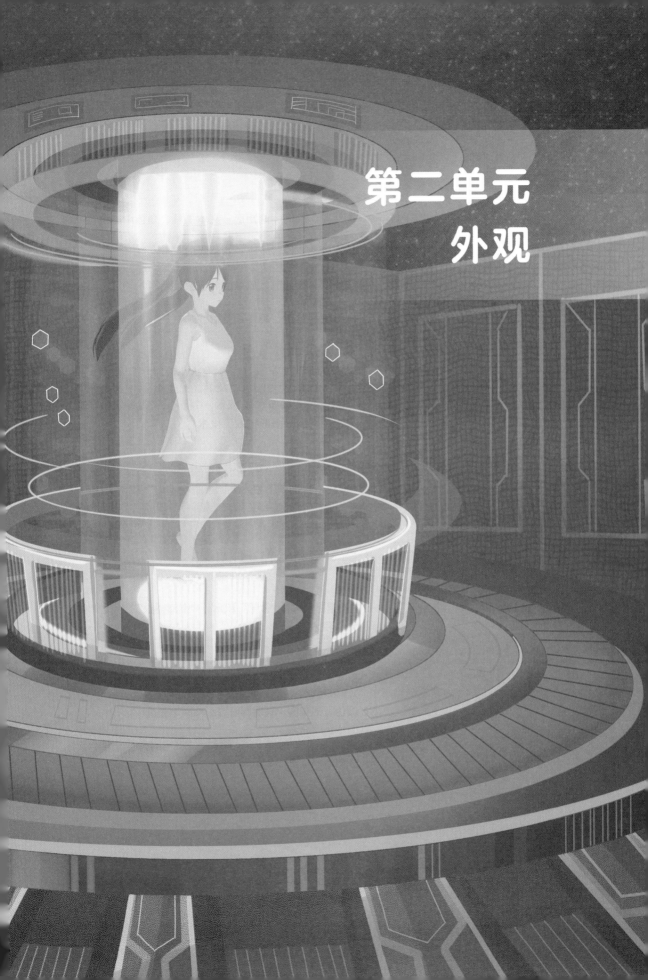

第二单元
外观

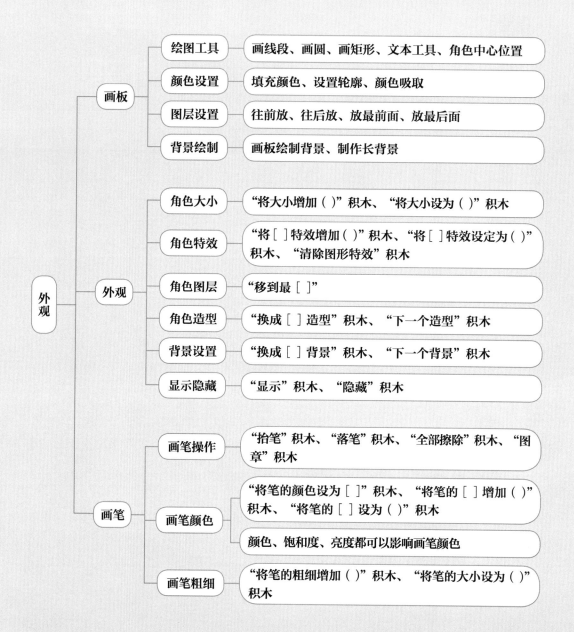

外观

画板
- 绘图工具 —— 画线段、画圆、画矩形、文本工具、角色中心位置
- 颜色设置 —— 填充颜色、设置轮廓、颜色吸取
- 图层设置 —— 往前放、往后放、放最前面、放最后面
- 背景绘制 —— 画板绘制背景、制作长背景

外观
- 角色大小 —— "将大小增加（ ）"积木、"将大小设为（ ）"积木
- 角色特效 —— "将［］特效增加（ ）"积木、"将［］特效设定为（ ）"积木、"清除图形特效"积木
- 角色图层 —— "移到最［］"
- 角色造型 —— "换成［］造型"积木、"下一个造型"积木
- 背景设置 —— "换成［］背景"积木、"下一个背景"积木
- 显示隐藏 —— "显示"积木、"隐藏"积木

画笔
- 画笔操作 —— "抬笔"积木、"落笔"积木、"全部擦除"积木、"图章"积木
- 画笔颜色 —— "将笔的颜色设为［］"积木、"将笔的［］增加（ ）"积木、"将笔的［］设为（ ）"积木
  颜色、饱和度、亮度都可以影响画笔颜色
- 画笔粗细 —— "将笔的粗细增加（ ）"积木、"将笔的大小设为（ ）"积木

第7课 家务劳动抽奖

经过前几节课的学习，我们可以从角色库中选择很多角色使用，但是，我们经常发现心里想的角色却无法找到，或者与想要的差那么一点点，今天我们就学一下画板的使用，学完画板之后就可以随心所欲地绘制想要的角色了。

启动画板的方法

（1）绘制背景——在背景按钮  的扩展菜单上点击"绘制"，会出现一个空白的画布，在画布中绘制图形，舞台区立刻就能看到绘制的效果。（图 2-7-1）

（2）绘制角色——在角色按钮 的扩展菜单上点击"绘制"，就可以绘制一个全新的角色了。（图 2-7-2）

（3）给背景或角色添加新的造型，选中这个角色或背景的"造型"选项，点击左下方扩展菜单的"绘制"，就能为角色或背景添加一个新造型了。（图 2-7-3）

图 2-7-1

图 2-7-2

图 2-7-3

图 2-7-4　　　　　　　　　　　　图 2-7-5

（4）改变造型更简单，选中角色或背景后点击"造型"选项即可进入修改。（图 2-7-4）

修改造型的工具栏功能很多，咱们一一讲解（图 2-7-5）：

鼠标 ▶ 是选择功能，在此状态下，可以点击选择角色的某个部分。

变形功能 ▶ 可以改变角色某一部分的形状，被选中的部件周围会出现很多圆圈，改变这些圆圈的位置即可改变形状。点中圆圈后会看到圆圈身边有两个小把手，改变小把手的位置可以改变曲线的弧度。

画笔 ✎ 可以在画布中绘制任意形状的图案，画笔的颜色和粗细可以在填充和画笔粗细中设置。

橡皮擦 ◆ 可以擦除不要的部分。

油漆桶 ◆ 可以填充封闭区域的颜色，改变填充颜色可以画出不同颜色或渐变色的填充效果。

文字工具 T 可以在画布中书写文字，书写完文字后可以选中文字改变大小或方向。

直线工具 ／ 可以在画布中画直线，直线画完后还可以通过选择工具选取后继续修改。

画圆工具 ○ 可以在画布中画一个圆，通过改变填充颜色和轮廓，画出空心圆或多彩的圆；也可通过填充颜色改变圆的颜色。

矩形 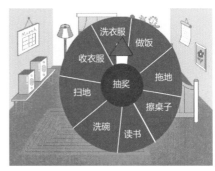 的用法和圆相似。

学完绘制造型工具后，让我们一起实战一下吧！

加加是个非常懂事的孩子，她很想帮妈妈分担家务劳动，但妈妈总觉得她还小，不让她去做。随着自己一点点长大，她想帮妈妈做家务的愿望越来越强烈，这天，加加灵机一动，做了一个家务劳动抽奖程序，每天晚上吃完饭后每个人抽一个奖，抽到什么就干什么。

题目要求：选择一个自己喜欢的背景，用画板绘制转盘、指针、按钮作为角色，点击"抽奖"按钮让指针转起来，等待几秒钟后指针随机停在某个位置。（图 2-7-6）

图 2-7-6

制作步骤：

1．绘制一个新角色。（图 2-7-7）

2．用画圆工具绘制一个彩色的圆盘，同学们可以根据自己的爱好设置填充颜色和轮廓颜色。（图 2-7-8）

3．用直线工具把圆盘分割成大小相同的扇形。（图 2-7-9）

4．用文字工具在各个扇形区域书写家务劳动，文字颜色、字体都可以

图 2-7-7

图 2-7-8

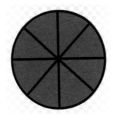

图 2-7-9

图 2-7-10　　　　　　　　　图 2-7-11

根据自己的喜好设置。文字大小可以通过拖动文字周围 8 个点来改变。（图 2-7-10）

5. 再绘制一个新角色，画出抽奖按钮和指针，画的时候要注意中心点的位置，将来指针旋转的时候是要围绕中心点旋转的。（图 2-7-11）

6. 为按钮书写程序，当角色被点击时旋转随机数次。（图 2-7-12）

这里我们用到一块新积木"在（ ）和（ ）之间取随机数"，它可以在指定范围内生成一个随机数，这块积木能让我们写的程序充满不确定性，可以增加游戏的趣味。

7. 我们再给程序添加一些音效，这能让程序产生更精彩的效果。（图 2-7-13）

音乐的长短也可以进行编辑，点击"修剪"选取一段音乐后点击"保存"，

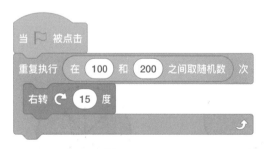

图 2-7-12

图 2-7-13

即可删掉一部分音乐。（图 2-7-14）

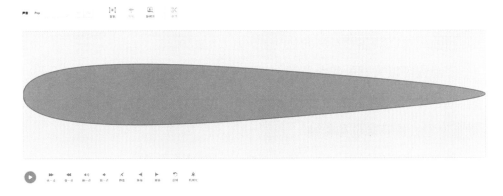

图 2-7-14

程序清单

本节课程序只有一段，比较简单。同学们可以灵活运用以前学过的知识给程序添加更多功能。（图 2-7-15）

图 2-7-15

知识要点

1. 用画板可以新建背景和角色。

2. 用画板可以为背景和角色添加新造型或修改现有的造型。

3. 画板中可以绘制直线、圆形、矩形，可以自由绘图，可以给绘制的形状填充颜色、设置轮廓颜色和粗细。

4. 文字工具可以设置文字字体、颜色，可以改变文字大小。

5. 物体的中心点需要设置正确，因为物体旋转的时候是围绕中心点旋转。

 考点练习

1. 下列按钮中，哪个按钮是变形工具（　　）。

A. 　　　　　　B.

C. 　　　　　　D.

2. 下列按钮中，哪个按钮可以在画布中书写文字（　　）。

A. 　　　　　　B.

C. 　　　　　　D.

 趣味练习

一、太阳系

加加最近迷上了天文学，喜欢研究天体，她在书中了解到太阳系中的八大行星，按照离太阳的距离从近到远依次是：水星、金星、地球、火星、木星、土星、天王星、海王星。也知道了地球的自转会产生昼夜交替，地球公转，会出现四季。加加觉得宇宙真的太神奇了，于是想写一个模拟太阳系的程序，但加加绞尽脑汁也没能写出来，聪明的小朋友，你能帮加加写一个程序模拟天体的运动吗？

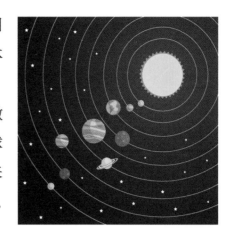

题目要求：用素材库中的太阳和地球做角色，通过改变地球中心点的方法实现地球围绕太阳运行。其他星球需要用画板自己来设计。各个行星的大小和颜色请参考右图，各行星的图片不必与参考图中完全一致。

二、用画板设计机器人角色

学习了画板这么强大的功能，大家是否已经摩拳擦掌要画一幅画了？请同学们想想下面这些图形是怎么画出来的，尝试自己创作一个角色吧。

第 8 课　智能宠物陪护机器人

加加一家人要出门旅行，由于带着宠物很不方便，只能把宠物狗小泰迪寄存到宠物店里。加加伤心地想，泰迪会不会以为我们不要它了呢？要是能设计出一个机器人，每天能在家陪着小泰迪，给小泰迪喂食，陪它玩该多好呀。

爸爸说要想设计出真实的机器人我们可以先用编程模拟真实场景，在虚拟场景中调试程序，等程序写得很完善了再着手制造真实的机器人。好吧，这次就先送小泰迪到宠物店吧，等加加的机器人调试完成了就能制造宠物陪护机器人了。

为了模拟家里的场景，我们需要制作一个跟家里完全相同的背景，上节课我们学习了用画板自己绘制背景和角色，但是对于不会画画的同学，很难自己创作出满意的角色，这该怎么办呢？

其实并不是每个角色都需要我们自己画出来，我们可以用手机拍照作为背景或角色，而且现在的社会分工让不同工作岗位的人能专注于做自己擅长的工作，有很多同学和老师擅长绘画，他们把自己的作品上传到素材网站上，同学们可以下载他们的背景和角色作为练习使用。大家可以进入编程加加网站的素材大全栏目中搜索自己需要的素材。

使用别人的图片和声音素材时要注意版权保护，除非图片和声音的作者明确地写了可以免费使用，我们才可以在不支付版权费的情况下使用。如果图片和声音的作者要求使用者支付版权费，我们则需要按照规定支付相应的费用。作为新时代的学生，我们应该带头尊重他人的劳动成果的版权，让付出劳动的人得到应得的报酬，这样才能促进更多人参与创作，才能让我们拥有更加丰富的素材。

　　其实保护他人的版权的同时也是在保护我们自己的版权，我们做出的每一个编程作品都是受法律保护的，如果有其他人想使用我们的作品，也需要为我们支付版权费。

　　下载了素材或者使用手机拍摄了自己想要的背景之后，就可以使用图形化编辑器提供的"上传"功能把图片导入程序中了。（图2-8-1、图2-8-2）

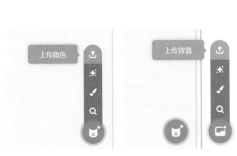

图 2-8-1　　　　　　　　　　　　　　　　图 2-8-2

　　为了制作小狗的不同造型，我们需要为小狗拍摄不同动作的造型，最少应该包括行走时左腿在前和右腿在前两幅图片，这样才能做出走路的动画。（图 2-8-3）

图 2-8-3

　　上传的角色因为有背景，还需要继续修改，把背景去掉。点开造型选项，就可以看到此时的画板跟以前的有所区别，这种图片叫作像素图，只能做一些简单的修改，但是同样可以用橡皮工具把背景擦掉，或者在角色上任意绘制。（图 2-8-4）

图 2-8-4

除了用图形化编程自带的擦除工具，还可以借助其他抠图软件。

上节课的课后练习让大家设计了自己的机器人，这节课我们就可以用上啦。

在角色造型身上点击右键，选择"导出"，可以把这个造型保存成独立文件。（图 2-8-5）

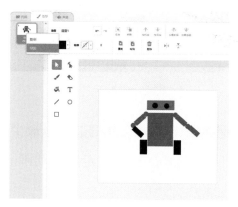

图 2-8-5

svg 是一种矢量图的图片类型，这类型图片的好处是在另一个项目中上传了该种图片之后还可以继续在造型中修改。

准备好素材之后我们就可以写程序控制机器人和小泰迪了。

我们设想的宠物陪护机器人具备如下功能：

（1）机器人会走到一个随机位置，自动扔出小球到随机位置；

（2）我们操作小狗去捡球，球碰到小狗后会回到机器人手里；

（3）机器人碰到小球会再次移动到随机位置，并自动扔出小球。

现在我们一步一步实现上述功能。

写程序让小狗能上下左右走动，为了防止小狗头朝下走路，我们使用了

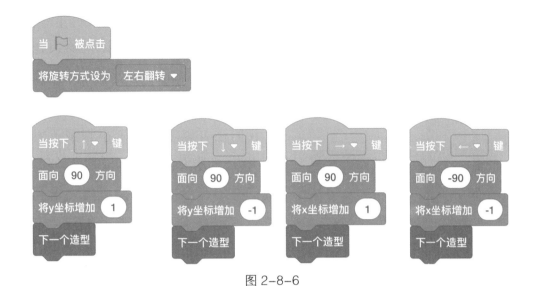

图 2-8-6

"将旋转方式设为［左右翻转］"积木。为了增加动画效果，我们在小狗上下左右移动的程序中增加了"下一个造型"积木。同时，还用"面向（）方向"积木控制小狗朝向哪里。（图 2-8-6）

小球需要在"重复执行"中检测自己是否碰到了泰迪，如果碰到了泰迪，则要在 3 秒钟内移动到机器人所在的位置。随后机器人判断如果碰到了小球，会在 3 秒钟内移动到一个新位置，为了实现小球跟随机器人一起移动，我们需要在一个重复执行中不断地让小球移动到机器人位置。经过多次测试，我们发现重复执行 150 次差不多是 3 秒钟时间，所以我们重复了 150 次"移到［机器人］"，同学们根据自己的需要可以适当修改这个循环次数。等待机器人到达新位置后，我们再让小球移动到一个新位置，就完成小球的程序了。（图 2-8-7）

机器人碰到小球后就移动到一个随

图 2-8-7

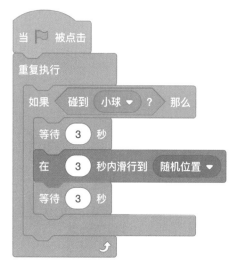

图 2-8-8

机位置。（图 2-8-8）

之所以要等待 3 秒是让机器人在抛出小球后不会立即碰到小球导致机器人到处乱走。

我们还可以增加一个小狗饿了发出一声叫声，机器人去给小狗取粮食的程序。当我们按下键盘的 1 键后机器人走到指定位置拿出小狗的碗，然后小狗会走到碗旁边吃掉食物。

素材库中找到空的碗，加入程序中。（图 2-8-9）

为了让碗里出现食物，我们再加入食物角色。（图 2-8-10）

将碗和食物放到一起。（图 2-8-11）

图 2-8-9

图 2-8-10

图 2-8-11

先把面包隐藏起来，待会让机器人把面包拿出来。

为小狗增加程序，按下 1 键后走到饭碗旁边。（图 2-8-12）

为机器人增加程序，当按下 1 键后在 1 秒内走到碗旁边，放完面包后走到一旁去。（图 2-8-13）

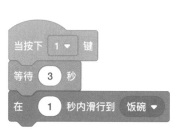
图 2-8-12

图 2-8-13

为面包增加程序，当按下 1 键后等待 1 秒显示。等待小狗吃完饭后隐藏。（图 2-8-14）

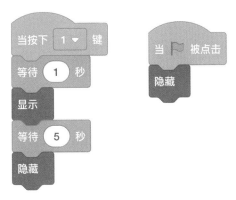

图 2-8-14

为了增加趣味性，同学们还可以在程序中加入音效，小球抛出后小狗叫一声然后去追球。追到球后小狗叫两声，然后把球抛给机器人。机器人抛球之前说一句"准备好了吗？"抛出球后说一句"泰迪，把球捡回来"，机器人接到球后说一句"Good job，泰迪"。小狗饿了的时候说"我饿了"，吃完饭之后叫三声"汪汪汪"，表示吃饱了。请大家思考一下应该在程序的哪个部分添加这些对话呢？

同学们可以模仿喂狗粮的程序，试试能不能写出小狗渴了，机器人为小狗喂水的程序。

程序清单：

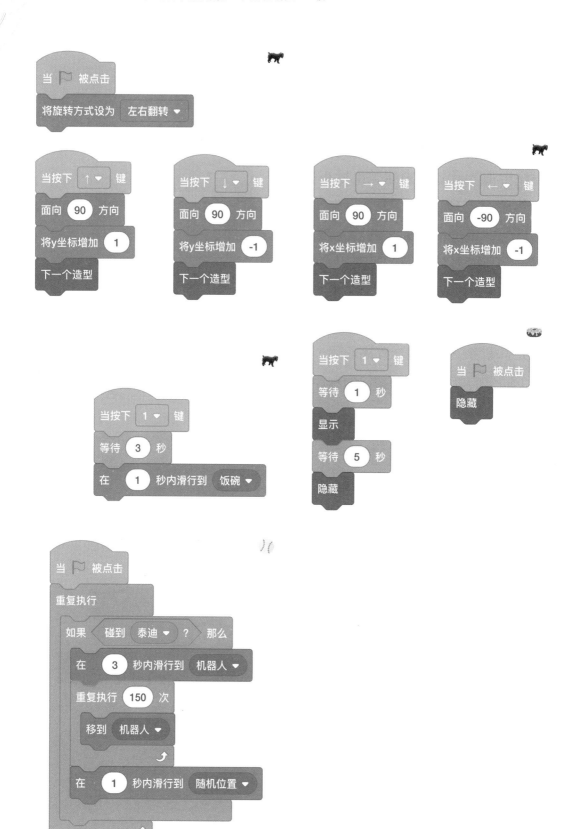

程序运行效果（图 2-8-15）：

图 2-8-15

 知识要点

1. 我们可以用手机拍照或者从编程加加网站下载具有版权的素材，上传到图形化编程中作为角色或者背景。

2. 造型中橡皮擦工具可以去掉角色中不要的背景，只留下前景。

3. 橡皮擦去掉背景比较麻烦，可以借助第三方软件来实现。

 考点练习

1. 在图形化编程编辑器中，可以上传保存在电脑中的作品，下列选项中，能成功导入图形化编程编辑器的文件是（　　）。

    A．龟兔赛跑 .doc　　　　　　B．智能扫地机 .pptx

    C．动物运动会 .sb3　　　　　D．玩小球的泰迪 .mp4

2. 在图形化编程编辑器中，可以上传好看的图片作为背景和角色，下列选项中，能导入做角色的图片是（　　）。

A．背景 .xls

B．小狗 .jpg

C．兔子 .doc

D．乌龟 .pdf

趣味练习

一、击鼓传花

数学课上老师和同学们一起玩了击鼓传花，加加很喜欢这个游戏，就打算用程序写一个，她先用手机为同学们拍照，上传成角色，然后仿照抽奖程序，做一个击鼓传花的游戏，鼓声停止时，指针指到谁，谁就要站起来为大家表演个节目。

题目要求：从电脑上传教室的照片做背景，为每一个参与游戏的同学拍照，上传做角色，上传后的角色抠去背景，留下前景。点击"抽奖"，指针旋转起来，添加"声音"，当声音停止时，指针停止转动。

小提示：

1．圆盘的制作

在画板中绘制圆形，改变其颜色，用直线工具将圆六等分，给圆添加造型二 ，造型二上点击 ，再到造型一上点击 ，将人物放在圆上。

2．指针的旋转与停止

当 被点击时，指针面向初始方向。画板中绘制指针，指针按钮被点击时，指针不断地旋转。添加声音，声音播放停止时，指针随机停下。旋转的角度可以用随机数。

二、换装游戏

一年有春、夏、秋、冬四个季节。每个季节历时 3 个月，随着季节的变换，我们会换上不同季节的服装，小朋友们你们能用程序做一个随季节换装的程序吗？

题目要求：上传四季图片作为背景，把自己的照片上传到程序中，抠除多余的部分，然后用角色 Dress，当按下键盘的空格键时，变换服装造型。

小提示：

1. 上传四季图片做背景，每 5 秒切换下一个背景，四个背景重复出现。

2. 上传人物角色，素材库添加 Dress 角色，给 Dress 角色添加新造型，当按下键盘上的空格键时，更换服装。

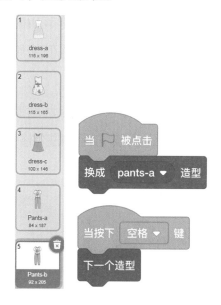

第 9 课 五彩星空

加加生日时，爸爸送了她一个天文望远镜，加加对这个礼物爱不释手，每天晚饭后都会用天文望远镜探索浩瀚的宇宙。这天晚饭后，加加望向天空，看到了群星闪烁的星空，每一颗亮晶晶的星星都像小眼睛似的注视着她，她非常喜欢繁星满天的景象，想用程序记录下来，小朋友们一起来帮加加写一个程序记录下来吧！

怎么能让角色在运行过程中改变自己的大小和颜色呢？想要改变大小与颜色我们需要认识以下四个积木。

将大小增加 10 积木在程序运行时可将角色大小增加 10，若将 10 改为 -10，则角色大小会减少 10，将此积木放在重复执行"肚子"里，角色会一直变大或者变小。

将大小设为 100 积木可将角色大小设置为一个固定的值。

将 颜色 特效增加 25 积木在程序运行时会改变角色的颜色，将此积木放在重复执行"肚子"里，角色会一直改变颜色。

将 颜色 特效设定为 0 积木可将角色颜色设置为一个固定的值。

"将〔 〕特效增加（ ）"积木中共有 7 个选项，分别是颜色、鱼眼、旋涡、像素化、马赛克、亮度、虚像。根据程序的不同需要可以选择不同的特效。（图 2-9-1）

学习了改变角色大小与颜色的积木后，我们就可以做一个群星闪烁的星空了！

图 2-9-1

首先素材库中添加星空做背景，添加星星做角色。（图 2-9-2）

图 2-9-2

我们的星星会闪闪发光，还会变色，想让星星闪烁，我们通过控制角色的大小来实现，让星星缓缓变大后再缓缓变小；想要星星变色，我们只需要改变颜色特效就可以实现了。（图 2-9-3）

其实外观特效中不只有颜色特效，还有鱼眼、漩涡等特效，同学们可以依次尝试一下。（图 2-9-4）

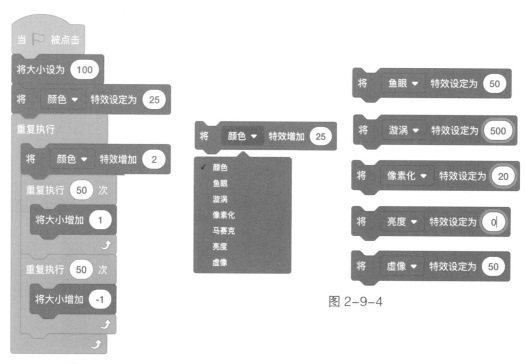

图 2-9-3

图 2-9-4

设置了特效之后如果想快速取消所有特效，可以采用 清除图形特效 。

掌握这些特效有时候可以产生很多出其不意的效果，例如我们可以用旋涡特效制作时空穿越隧道。（图2-9-5）

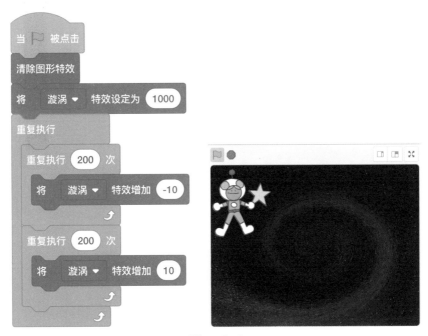

图2-9-5

我们可以用像素化特效制作人物出场的动画。（图2-9-6）

图2-9-6

可以用马赛克特效快速绘制棋盘。（图 2-9-7）

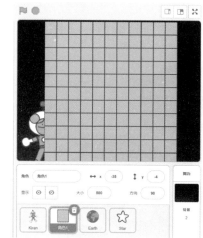

图 2-9-7

用亮度特效制作忽明忽暗的效果。（图 2-9-8）

图 2-9-8

用虚像特效来制作半透明效果，或者角色逐渐消失的效果。（图 2-9-9）

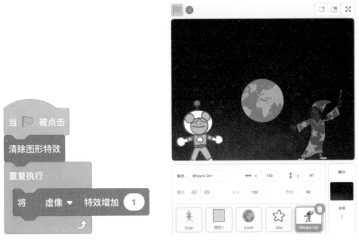

图 2-9-9

程序清单：

知识要点

1. "将大小增加（）"可以改变参数来改变角色大小，正数变大，负数变小。
2. "将大小设为（）"可以将角色大小设置为固定值。
3. "将〔颜色〕特效增加（）"可以在程序运行时，改变角色的颜色。
4. "将〔颜色〕特效设定为（）"可将角色颜色值设置为固定值。

 ## 考点练习

1. 下图有一只小猫，大小为100。运行下列代码后，角色的大小是（　　）。

  A．10　　　　　　　　　　　B．110

  C．99　　　　　　　　　　　D．90

2. 下列选项中，能实现角色重复变大再变小的一项是（　　）。

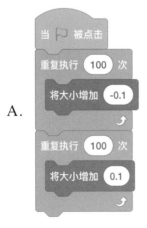

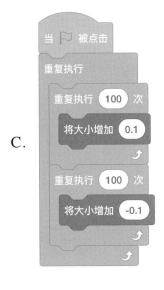

C.

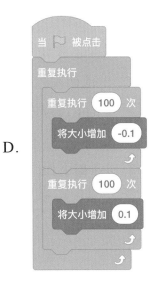

D.

 趣味练习

一、植树节游戏

3月12日是植树节，植树造林不仅可以绿化和美化家园，同时还可以防止水土流失，保护农田，调节气候，是一项功在当代、利在千秋的宏伟工程。加加很想为宏伟的工程出一份力，但年龄太小，树苗太大，加加就想写一个程序将沙漠变成绿洲，小朋友，你知道怎么做吗？

题目要求：选择沙漠图片做背景，小树、水杯做角色，水杯缓缓移到树苗旁边，倾斜、浇水，当水浇完，小树苗壮成长。

因为沙漠中长期缺水，小树苗变成了枯黄色，随着浇水越来越多，树苗的颜色逐渐从枯黄色变成了翠绿色。同学们可以添加多棵树，为多棵树浇水，让它们长大。增加一个"浇水完成"的按钮。点击按钮时切换背景成 Forest 造型，把沙漠变成绿洲。

小提示：

1. 当 🚩 被点击 积木通常可用来做程序的初始化，让各个角色回到自己初始的位置上，大小变成初始大小，颜色变成初始颜色等。

2. 移到 鼠标指针 积木可以做出角色跟随鼠标移动的效果。

3. 使用 停止 该角色的其他脚本 积木可以让该角色的重复执行停止运行。

4. 大家可以参考如下代码完成自己的程序。

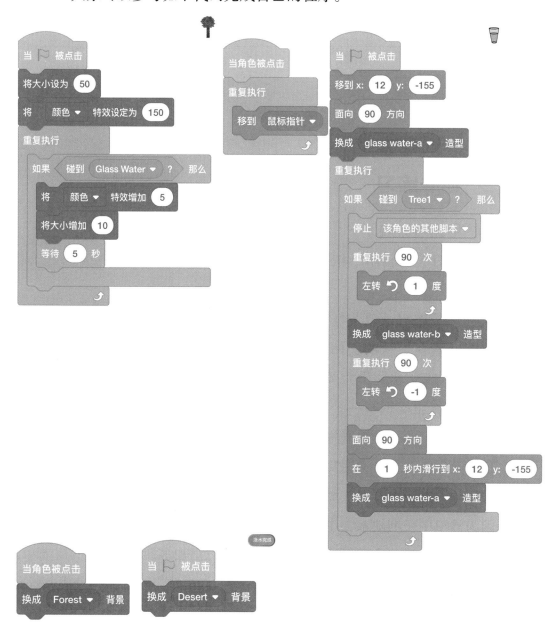

程序运行效果如下：

二、燕归巢

加加老家的屋顶上有很多燕巢，夏天回去时有很多燕子，但冬天再去时一个燕子也没有了，加加问妈妈原因，妈妈说："燕子是一种候鸟，冬天来临之前，它们总要进行每年一度的长途旅行，成群结队地由北方飞向遥远的南方，等到春暖花开的时节再由南方返回本乡本土生儿育女、安居乐业。"加加听完恍然大悟。现在请写一个燕子归巢的程序。

题目要求：选择农场做背景，燕子、房子做角色，燕子从远处缓缓飞到自己的巢中，远处飞来的燕子渐渐变大，实现燕子近大远小的效果。

小提示：

1. 燕子的近大远小

先确定燕子远处位置，并设置燕子的大小，燕子在回巢的途中，一点点变大，直到回到巢中停止大小变化。

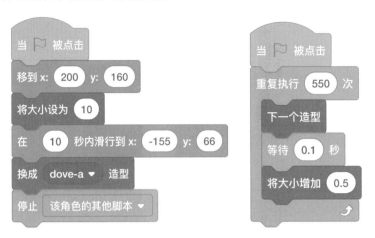

2．从图形化编程素材库找不到的素材可以到编程加加网站找找看。

3．背景也可以使用颜色特效，大家可以尝试把背景变成冬天和夏天的不同风格。

4．我们可以做得更形象一些，点击键盘 1 时逐渐变成冬天的效果，让燕子越飞越远，按键盘 2 时逐渐变成夏天效果，燕子越飞越近，最后返回燕巢。

第 10 课　鹦鹉学舌

加加家里最近来了一位有趣的客人，一只漂亮的鹦鹉，是姑姑家里养的，因为姑姑要外出旅行，就寄存在加加家里了。

这只鹦鹉很聪明，可以跟加加进行一些简单的对话，加加于是经常教鹦鹉一些新对话，时间一长加加和鹦鹉成了最要好的朋友。

可是姑姑旅行回来后就把鹦鹉接回去了，加加好想念自己这位聪明的朋友啊。

加加的哥哥多多提醒加加说，你可以写一个程序，制作一只会说话的鹦鹉，把你想教给鹦鹉的话写到程序里，只要输入了特定的话鹦鹉就可以自动回复。

这个主意太棒了，加加马上接受了哥哥的建议，着手编写鹦鹉对话程序。

前面的课程中我们已经学习了在角色头顶显示一个对话气泡或思考气泡，利用这两种积木，我们可以制作一个生动的角色对话场景。

先制作一个加加和哥哥的对话吧，为了让对话更形象，我们还添加了人物的入场效果和出场效果。

从素材库网站下载加加和多多形象，导入程序中。（图 2-10-1）

写程序控制两个人的情景对话和人物位置变化。为了实现两个人对话的顺序正确，我们借助"等待（ ）秒"

图 2-10-1

积木，计算加加说话时间，让多多等待几秒后再继续说话。（图 2-10-2、图 2-10-3）

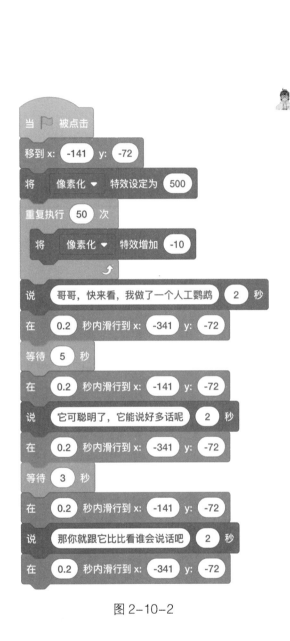

图 2-10-2

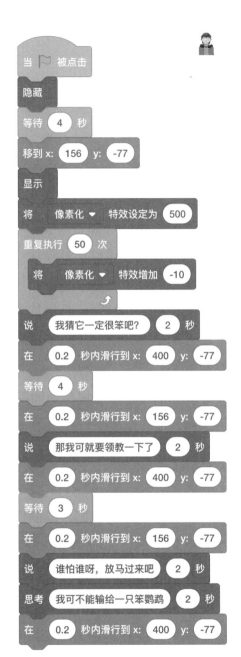

图 2-10-3

图 2-10-4

等两个人的对话结束后，我们计算对话时长约 23 秒，这时候就可以让鹦鹉等待 23 秒后开始与人对话。（图 2-10-4）

不过对话气泡并不能让用户输入内容到程序中，今天我们学习的新积木"询问 ( ) 并等待"可以出现一个输入框，等待用户输入内容后程序可以获得用户输入的内容。（图 2-10-5、图 2-10-6）

图 2-10-5　　　　　　　　　　　　　　图 2-10-6

从上图中我们可以看到，用户输入的内容保存在"回答"积木中，之前我们已经学过分支结构的程序了，利用"控制"分类下的"如果 < > 那么"积木即可实现程序的条件判断。（图 2-10-7）

图 2-10-7

同学们可以看到，利用上面的程序就可以实现让程序获得用户输入，并根据不同的输入内容做出不同的响应了。

为了让鹦鹉能一直不断地说话，我们可以把程序放到"重复执行"里。（图2-10-8）

为了让鹦鹉在说话的时候更生动，我们可以在程序中添加造型变化。这样就能让鹦鹉先扇动三次翅膀再说话了。（图 2-10-9）

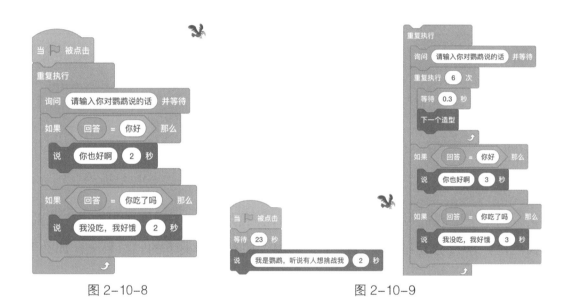

图 2-10-8　　　　　　　　　　　　　　　　图 2-10-9

细心的同学应该已经注意到，我们的程序被分成了两段。这是因为我们开发程序过程中需要经常调试程序，如果每次都从等待 23 秒开始执行，太浪费时间了，所以我们把程序断开，直接用鼠标点击要运行的程序，就可以直接从断点开始执行了。

理解了上面程序的工作原理，同学们就可以发挥创造力，看看你能教鹦鹉学会哪些对话呢？

程序清单：

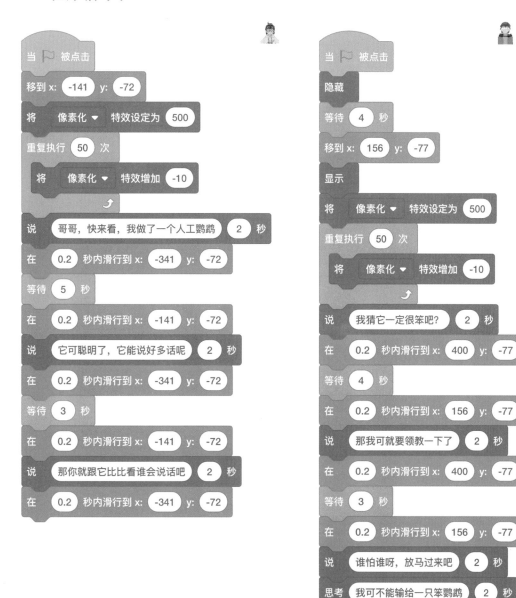

当 ⚑ 被点击

移到 x: -141 y: -72

将 像素化 ▼ 特效设定为 500

重复执行 50 次
　将 像素化 ▼ 特效增加 -10

说 哥哥，快来看，我做了一个人工鹦鹉 2 秒

在 0.2 秒内滑行到 x: -341 y: -72

等待 5 秒

在 0.2 秒内滑行到 x: -141 y: -72

说 它可聪明了，它能说好多话呢 2 秒

在 0.2 秒内滑行到 x: -341 y: -72

等待 3 秒

在 0.2 秒内滑行到 x: -141 y: -72

说 那你就跟它比比看谁会说话吧 2 秒

在 0.2 秒内滑行到 x: -341 y: -72

当 ⚑ 被点击

隐藏

等待 4 秒

移到 x: 156 y: -77

显示

将 像素化 ▼ 特效设定为 500

重复执行 50 次
　将 像素化 ▼ 特效增加 -10

说 我猜它一定很笨吧? 2 秒

在 0.2 秒内滑行到 x: 400 y: -77

等待 4 秒

在 0.2 秒内滑行到 x: 156 y: -77

说 那我可就要领教一下了 2 秒

在 0.2 秒内滑行到 x: 400 y: -77

等待 3 秒

在 0.2 秒内滑行到 x: 156 y: -77

说 谁怕谁呀，放马过来吧 2 秒

思考 我可不能输给一只笨鹦鹉 2 秒

在 0.2 秒内滑行到 x: 400 y: -77

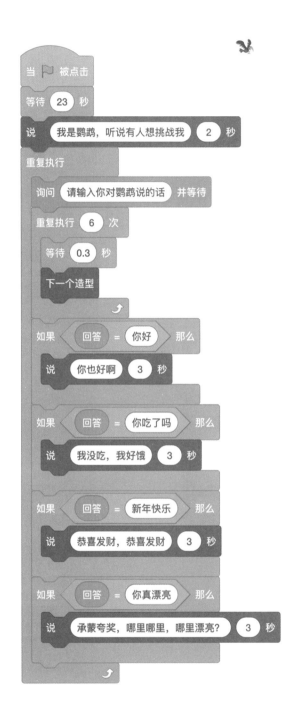

知识要点

1. "外观"分类下的积木可以改变角色造型、颜色及大小，还可以给角色添加小气泡或者对话框。

2. "外观"分类下的"思考（ ）"积木，可以让角色上方出现小气泡，不会消失；"思考（ ）（ ）秒"积木会让小气泡显示几秒后消失。

3. "外观"分类下的"说（ ）"积木，可以让角色上方出现对话框，不会消失；"说（ ）（ ）秒"积木会让对话框显示几秒后消失。

4. "侦测"分类下的"询问（ ）并等待"积木可以弹出输入框，用户输入的内容为积木的"回答"。

 考点练习

1. 两个角色要实现对话的效果，下列选项中正确的是（　　）。

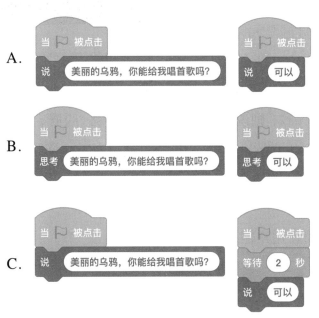

D.

2. 运行下列积木，输入"李三"，则对话的内容是＿＿＿＿＿＿＿＿＿＿。

 趣味练习

一、猜灯谜

　　大家知道元宵节是哪一天吗？正月是农历的元月，古人称"夜"为"宵"，正月十五是一年中第一个月圆之夜，所以正月十五为"元宵节"，猜灯谜是元宵节的特色活动，现在请大家上网搜索一些有趣的灯谜，利用"询问（　）并等待"来提问玩家，如果  用户输入的内容与答案一致，则说"你猜对了"，否则说"哎呀，你猜错了"。

　　题目要求：选择喜欢的背景和角色，当角色被点击时，询问谜语，判断答案的对错。

　　小提示：

1. 角色出题并弹出让用户输入答案的对话框。

2. 判断的条件是回答 = 谜底。

3. 判断谜底的正确性。

第 11 课　青蛙王子

　　前几节课的学习我们知道了一个角色身上可以有很多个造型，这节课我们再学点更好玩儿的，能让我们把不同角色的造型融合到一个角色身上。

　　在"外观"分类下，"换成［］造型"积木，可以切换到角色指定的造型；"下一个造型"积木，经常用于重复循环的积木中，让角色按顺序编号造型，呈现动态效果。"换成［］背景"积木，可以切换到指定的背景；"下一个背景"积木，经常用于重复循环的积木中，让场景按顺序变化背景，呈现不同的场景效果。

　　《青蛙王子》取自《格林童话》，讲述了一个被巫师变成青蛙的王子，遇到公主并得到真爱之吻后，成功变身王子和公主结婚，王子和公主幸福生活在一起的故事。（图 2-11-1、图 2-11-2）

图 2-11-1

图 2-11-2

　　现在请大家根据青蛙王子这个故事编写一个程序，讲述青蛙变成王子，并与公主步入婚姻殿堂。

图 2-11-3　　　　　　　　　　　　图 2-11-4

首先把故事中需要的素材准备好。（图 2-11-3）

我们先来开发王子被巫师变成青蛙的程序。为了能让巫师顺利地把王子变成青蛙，我们需要把青蛙的造型合并到王子身上。

点开王子的造型，点击"选择一个造型"，然后从造型库中选择青蛙造型，这样王子的造型就新添加了一个青蛙的造型了。（图 2-11-4）

当 🚩 被点击时做一下初始化工作，把所有角色恢复到默认位置，不应该出现在第一场景中的人物暂时隐藏起来。（图 2-11-5）

图 2-11-5

因为本程序比较复杂，涉及了场景转换，所以场景也需要初始化。（图 2-11-6）

图 2-11-6

接下来先让王子来一段开场白，然后巫师出现。（图 2-11-7）

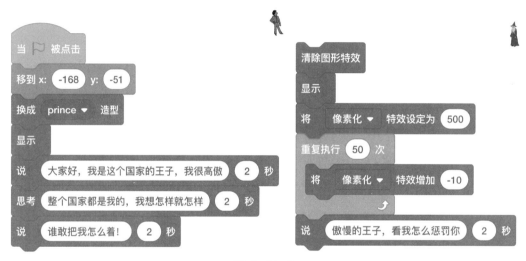

图 2-11-7

同学们还可以继续完善两个人的对话，做成又风趣又符合人物性格的对话。

对话完毕后，巫师就变换造型，施展魔法，把王子变成青蛙。然后逐渐像素化最后隐藏。（图 2-11-8）

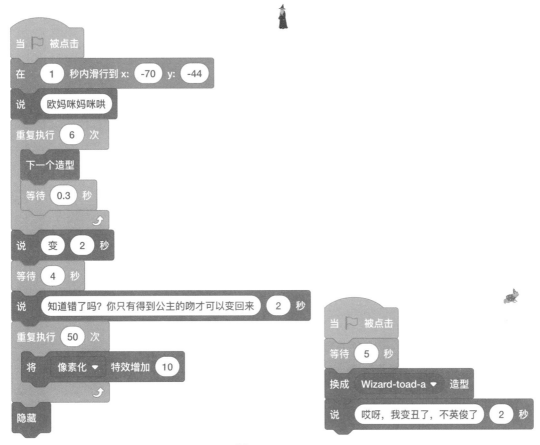

图 2-11-8

同学们应该注意到了，我们在这两个程序片段上又用了 当 ▸ 被点击 积木，这是为了测试两段程序的同步性，我们暂时把 当 ▸ 被点击 积木放在两段程序的开头，等测试完毕后还会恢复原位。

我们把青蛙和公主的对话安排在公园里。根据前面的对话的时长设置 33 秒后转场到公园场景。（图 2-11-9）

然后就该公主出场了。还是用分段开发的方法，直接点击要执行的程序。（图 2-11-10）

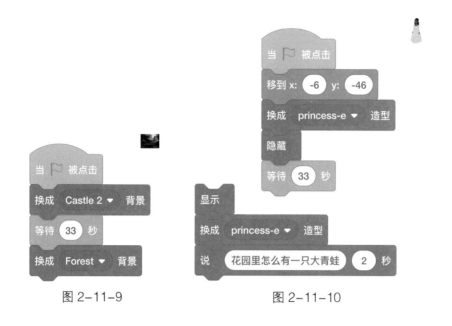

图 2-11-9　　　　　　　　　　　　图 2-11-10

然后我们设计一下王子和青蛙的对话。（图 2-11-11）

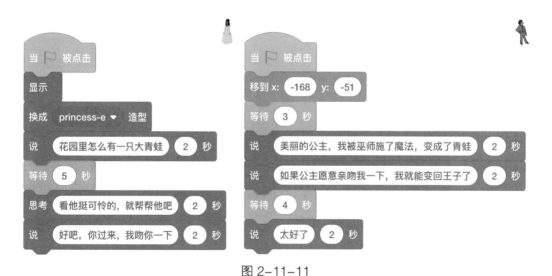

图 2-11-11

接下来就要设计青蛙王子跳跃到公主面前，然后公主亲吻青蛙的程序了。为了做出公主的亲吻动作，我们改变了公主的造型。选中公主的上半身之后旋转就可以让公主弯腰了。（图 2-11-12）

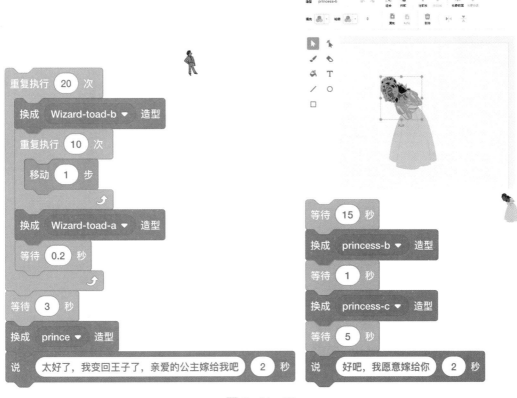

图 2-11-12

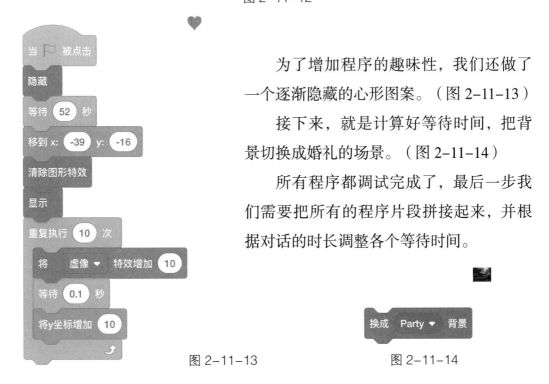

为了增加程序的趣味性，我们还做了一个逐渐隐藏的心形图案。（图 2-11-13）

接下来，就是计算好等待时间，把背景切换成婚礼的场景。（图 2-11-14）

所有程序都调试完成了，最后一步我们需要把所有的程序片段拼接起来，并根据对话的时长调整各个等待时间。

图 2-11-13   图 2-11-14

程序清单:

当 ▶ 被点击

移到 x: -168 y: -51

换成 prince ▼ 造型

显示

说 大家好,我是这个国家的王子,我很高傲 2 秒

思考 整个国家都是我的,我想怎样就怎样 2 秒

说 谁敢把我怎么着! 2 秒

等待 4 秒

说 你想怎样 2 秒

等待 4 秒

说 来呀, come on 3 秒

等待 4 秒

换成 Wizard-toad-a ▼ 造型

说 哎呀,我变丑了,不英俊了 2 秒

移到 x: -168 y: -51

等待 10 秒

说 美丽的公主,我被巫师施了魔法,变成了青蛙 2 秒

说 如果公主愿意亲吻我一下,我就能变回王子了 2 秒

等待 4 秒

说 太好了 2 秒

重复执行 10 次

　换成 Wizard-toad-b ▼ 造型

　重复执行 10 次

　　移动 1 步

　换成 Wizard-toad-a ▼ 造型

　等待 0.2 秒

等待 3 秒

换成 prince ▼ 造型

说 太好了,我变回王子了,亲爱的公主嫁给我吧 2 秒

当 ▶ 被点击

换成 wizard-a ▼ 造型

移到 x: 154 y: -44

隐藏

等待 6 秒

清除图形特效

显示

将 像素化 ▼ 特效设定为 500

重复执行 50 次

　将 像素化 ▼ 特效增加 -10

说 傲慢的王子,看我怎么惩罚你 2 秒

等待 4 秒

说 把你变成青蛙 2 秒

等待 2 秒

在 1 秒内滑行到 x: -70 y: -44

说 欧妈咪妈咪哄

重复执行 6 次

　下一个造型

　等待 0.3 秒

说 变 2 秒

等待 4 秒

说 知道错了吗? 你只有得到公主的吻才可以变回来 2 秒

重复执行 50 次

　将 像素化 ▼ 特效增加 10

隐藏

知识要点

1. 选中一个角色，在此角色造型选项中，扩展菜单中选择"选择一个造型"可再添加其他造型。

2. "换成〔〕造型"积木可直接切换成我们需要的造型。

3. "下一个造型"积木和"重复执行"积木配合使用，让角色产生动态效果。

4. "换成〔〕背景"积木可以切换成指定的背景。

5. "下一个背景"积木经常和"重复执行"配合使用，让场景按顺序变化。

考点练习

1. 已知角色有两个造型，运行程序后造型 1 和造型 2 出现概率一样大，则程序"？"处应填写的数字是_____。

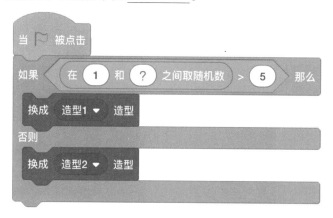

2. 程序运行之后，想要使角色停在造型 1，则"？"处应该填（　　）。

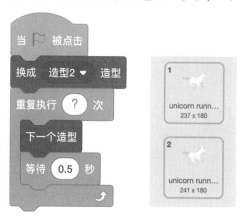

A. −1

B. 2

C. 3

D. −4

 ## 趣味练习

一、鸡蛋变小鸡

加加的老家，养了一只母鸡，这周加加回家时，看到母鸡身后多了一只小鸡。"小鸡是从哪里来的呢？"加加好奇地问，这时妈妈从身后说道："小鸡是它的孩子，鸡妈妈会用自己的体温将鸡蛋孵化出小鸡。"加加听完恍然大悟。小朋友们，你们能用我们这节课所学的知识做一个鸡蛋变小鸡的程序吗？

题目要求：选择喜欢的背景、"egg"角色，小鸡在几秒内从鸡蛋变成小鸡后，和母鸡一起在院中走动，开动你们的小脑筋，设计一下场景吧！（小提示：在我们的素材库中有 egg 角色，鸡蛋上有不同的造型，现在我们需要为其添加一个小鸡造型）

二、春游

春天来了，加加妈妈提议一家人出去游玩，妈妈一早便准备了很多零食，放在电车上，一切准备就绪后，喊上加加出发了。路上有很多的障碍物，妈妈都巧妙地躲开了。小朋友们，写一个程序来控制小车的行驶吧，注意躲避路上的障碍物。

题目要求：选择喜欢的背景、电车角色，给电车角色添加小姑娘造型，利用画板的复制功能将小姑娘粘贴到电车上，利用键盘上的上下左右键控制电车的移动，出行的路上会出现石头，电车如果碰到石头，小姑娘会说"哎呀"。

小提示：

1. 怎么做骑电车的小姑娘呢？

先添加电车角色，在电车角色上添加姑娘造型，点击画板中的 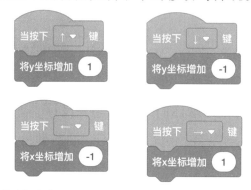 ，再到电车造型上点击 ，再利用画板中的水平翻转，就可以做出骑电车的小姑娘了。

2. 利用键盘的上下左右键控制小车的移动与弹跳。

3. 行驶途中碰到石头。

第 12 课　龟兔赛跑

相信同学们都听过龟兔赛跑的故事。加加听过这个故事后为兔子设计了一个跑步练习游戏，帮兔子克服轻敌的毛病，而且在场景中会随机出现障碍物，如果兔子不小心碰到了障碍物程序就会停止。

同学们做上节课的练习题"春游"的时候可能已经发现，让一个角色在固定场景中行走非常有局限性，移动没几步就跑到舞台边缘了。如果能让背景动起来，就可以制造永远跑不到尽头的感觉了。

但是细心的同学会发现一个问题，选中背景的时候"运动"类的积木是无法使用的。为了让背景动起来，我们需要把背景的造型复制到角色身上。

选择一个背景，从背景造型中点击"复制"按钮。（图 2-12-1）

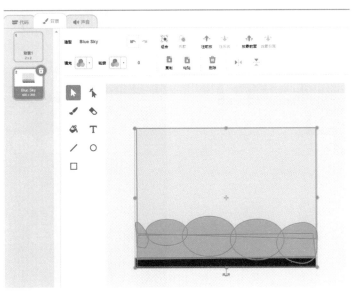

图 2-12-1

新建一个角色，点击"粘贴"按钮，即可把该场景造型变为角色了。（图 2-12-2）

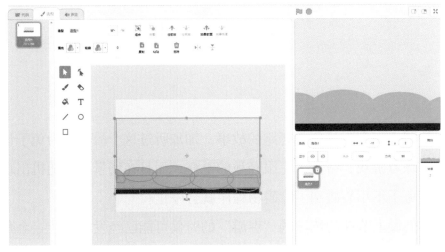

图 2-12-2

此时选中该角色，就可以用"运动"类积木控制背景移动了。不过同学们要注意把造型做得大一些，这样才不会出现移动的时候漏出背景的问题。（图 2-12-3）

再把兔子放置到场景中并写程序改变其造型。（图 2-12-4）

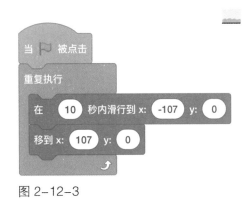

图 2-12-3

图 2-12-4

太神奇了，我们明明没有写程序让兔子前进，为什么看起来兔子在向前跑呢？

这是因为我们让背景反向运动了，所以即使兔子没有移动也会看起来像在移动一样。同学们在看动画片时很多移动的镜头也都是用背景移动衬托主人公的移动。

现在我们需要为兔子设计一点障碍物了。添加一块石头，并写程序控制石头跟随背景移动，移动到最左边之后再回到右边重新出现。（图 2-12-5）

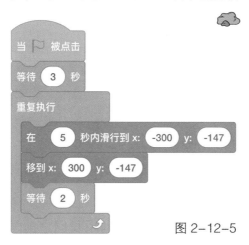

图 2-12-5

每次石头都会出现在相同的位置，这样程序就没有趣味性了，把"等待2 秒"换成等待"1 和 10 之间取随机数"秒，就可以不定时地出现石头了。再把"在 5 秒内滑行到 x:（-300）y:（-147）"积木中的时间也换成随机数即可。（图 2-12-6）

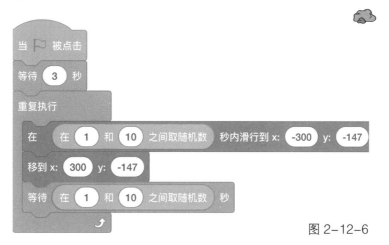

图 2-12-6

图 2-12-7

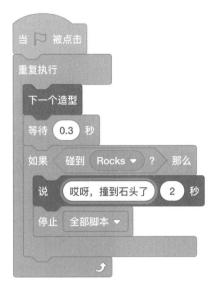

图 2-12-8

接下来就该让兔子学会跨越石头了。

让角色跳起来的原理很简单，先让角色向上移动，然后再向下移动即可。（图 2-12-7）

现在兔子碰到石头没有任何反应，利用我们之前学过的碰撞检测程序即可完成碰到石头之后的程序。（图 2-12-8）

我们在开发这个程序的过程中经常发生兔子和石头被背景遮挡的情况，因为在图形化编程中拖动哪个角色，哪个角色就会移到最前面，所以我们拖动跑道的时候跑道就会遮住兔子和石头，此时可以在兔子和石头角色的程序中添加一个"移到最［前面］"积木。角色每次被遮挡时点击一下该积木就可以移到最前面了。

程序清单:

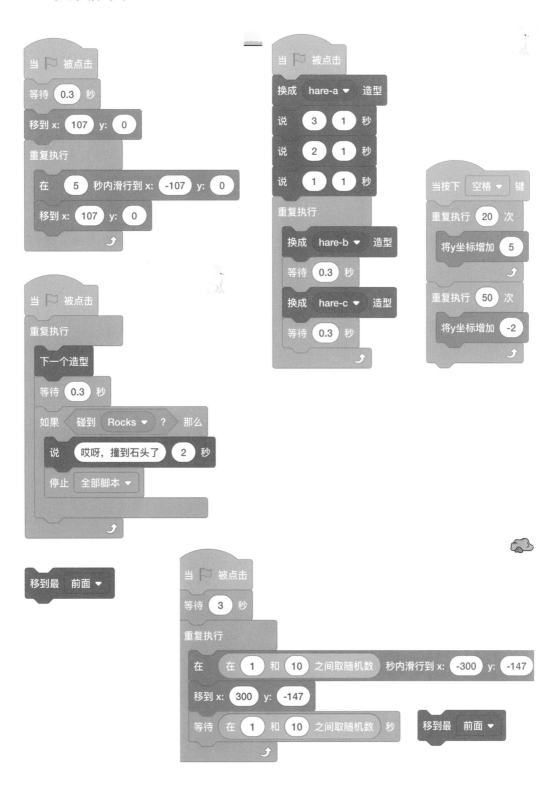

当 🚩 被点击
等待 0.3 秒
移到 x: 107 y: 0
重复执行
    在 5 秒内滑行到 x: -107 y: 0
    移到 x: 107 y: 0

当 🚩 被点击
重复执行
    下一个造型
    等待 0.3 秒
    如果 碰到 Rocks ? 那么
        说 哎呀,撞到石头了 2 秒
        停止 全部脚本

当 🚩 被点击
换成 hare-a 造型
说 3 1 秒
说 2 1 秒
说 1 1 秒
重复执行
    换成 hare-b 造型
    等待 0.3 秒
    换成 hare-c 造型
    等待 0.3 秒

当按下 空格 键
重复执行 20 次
    将y坐标增加 5
重复执行 50 次
    将y坐标增加 -2

移到最 前面

当 🚩 被点击
等待 3 秒
重复执行
    在 在 1 和 10 之间取随机数 秒内滑行到 x: -300 y: -147
    移到 x: 300 y: -147
    等待 在 1 和 10 之间取随机数 秒

移到最 前面

知识要点

1. 在画板中可以把背景做成角色，并且可以把背景拼接起来形成一个很长的背景。

2. 当背景移动到某个位置时再让背景重新回到初始位置，就可以做出背景不断移动的效果了。

3. "外观"分类下的"移到最［前面］"积木可以把角色从被遮挡的状态移动到前面可见。

4. "侦测"分类下的"碰到［舞台边缘］"积木可以判断角色是否离开了舞台。

 # 考点练习

1. 下列能够实现背景不断水平移动的积木是（　　）。

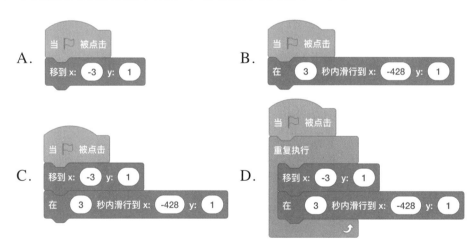

2. 兔子和青蛙准备赛跑，从（0，0）到终点（200，0），运行积木看谁先到达终点。（　　）

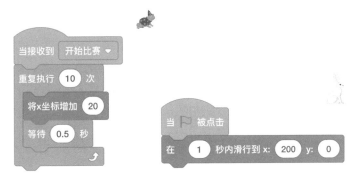

A．兔子　　　　　　　　　　　　B．青蛙

C．一起到达　　　　　　　　　　D．都不能到达

 趣味练习

一、星球大战

加加去电影院看了一场电影，名字叫作星球大战，加加也特别想像地球卫士一样驾驶宇宙飞船打败外星侵略者，于是决定自己制作一款星球大战的游戏。如果想要制作这款游戏，那么我们需要做一个能持续移动的外太空背景，做一个能发射子弹的宇宙飞船，当子弹碰到敌人，敌人就消失，敌人回到上方重新下落。如果飞船撞到敌人，任务失败，程序中止。

敌人从舞台上方随机位置出来，如果碰到子弹，重新回到舞台上方，如果 y 坐标 <-180，重新回到舞台上方，如果碰到火箭，任务失败，游戏终止。

对于飞船，可以通过左右键控制运动，同时不断变化造型：

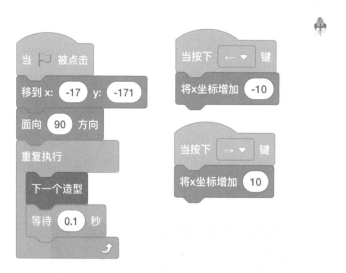

对于子弹，我们希望按下空格键的时候，能马上移到飞船身上，同时发射出去。如果碰到敌人，弹出"打中了"对话框。

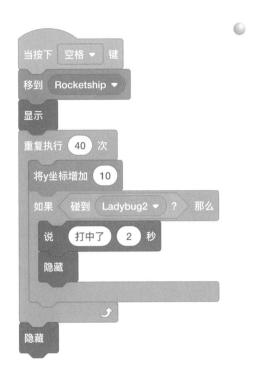

二、天问一号

天问一号飞到火星大约需要 7 个月时间，外太空有很多太空垃圾，为了帮天问一号顺利抵达火星，我们为宇航员开发一款模拟飞行的游戏，宇航员叔叔可以在这个游戏中练习躲避陨石。请开发一款背景能从上向下移动的太空游戏，陨石会从右方随机位置飞出来，我们需要控制飞船躲避太空陨石。

小提示：

1. 用上下左右键控制飞船运动，同时不断切换造型。

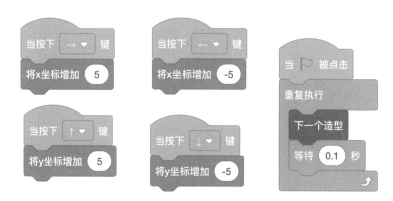

2. 太空背景，我们将太空背景的图片修改成长图，通过图片的重复运动，使得太空背景图片出现一直连续移动的效果。

3. 陨石从右边缘的随机 y 坐标向左移动，当 x<–200 时，重新移动到右边缘随机的 y 坐标位置，并重复左移，如果碰到陨石，提示"被击中了"，程序结束。

第13课　神笔马良

加加的姥姥给弟弟买了一盒彩色画笔，弟弟可喜欢了，但是他总是拿着彩色画笔在纸上胡乱地画，弄得身上脏兮兮的，后来弟弟嫌在纸上画画范围太小了，就转移到墙上进行画画，把姥姥家的白墙都给画得乱七八糟的。于是加加想，也许我可以给弟弟做一个画笔游戏，让他在电脑上画，这样就既干净卫生又不浪费纸张了。

图 2-13-1

图形化编程编辑器里有一个神奇的画笔扩展功能，点击页面左下角的 ![图标] 可以看到有很多扩展功能，点击其中的"画笔"，就可以把画笔功能添加到命令区了。

画笔功能里有9个积木。最常使用的是"落笔"积木。（图 2-13-1）

如果要在舞台中画出图形，首先需要"落笔"。

画完一笔后如果要抬起笔来，可以用"抬笔"积木。

改变画笔的颜色可以用"将笔的颜色设为[ ]"积木。

改变画笔的粗细可以用"将笔的粗细设为( )"，或者"将笔的粗细增加( )"。

了解了画笔的基本功能后，我们就要用画笔作画了。

想用画笔作画很简单，只需要让某个角色落笔之后移动就可以在它经过

图 2-13-2

图 2-13-3

的路上画出线条。

　　例如可以画一条直线。（图 2-13-2）

　　此时只需要控制角色转弯，我们就能画出各种需要的形状了。

　　让我们画一个正方形吧。（图 2-13-3）

　　由于画布没有自动擦除功能，所以我们在程序开始的时候添加了一个"全部擦除"积木。

　　如果要画一个彩色的粗一点的正方形，我们需要给线条设置颜色和粗细。（图 2-13-4）

　　重复执行 4 次，每次角色右转 90 度，画出的是正方形。让我们再试试画一个三角形吧。（图 2-13-5）

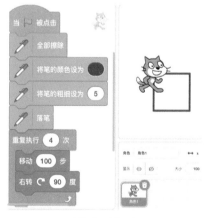

图 2-13-4

图 2-13-5

图 2-13-6　　　　　　　　　　　　　图 2-13-7

画五角星也不在话下，每次旋转 144 度即可。（图 2-13-6）

同学们可以发挥创造力，自己试试还能换成什么样不同的角度，能够画出哪些形状来。

画笔工具中还有一个有趣的积木 每次执行该命令就会把画笔颜色增加 10，我们刚才设置画笔颜色的时候注意到，编辑器中画笔的颜色是从 0 到 100 之间的数字。（图 2-13-7）

所以当我们改变颜色值的时候画笔的颜色就会逐渐变化。

根据这个特性，我们可以画一个漂亮的多彩图案。（图 2-13-8）

图 2-13-8

调整画笔颜色的时候我们也注意到，除了颜色值可以影响画笔颜色，饱和度和亮度也能影响画笔颜色。饱和度越低颜色就越淡，饱和度越高颜色越深。亮度越低，颜色就越暗，亮度越高颜色越亮。

画笔中还有一个有趣的命令 ，每次执行这个命令，角色就会在当前位置留下一个图案。（图 2-13-9）

图 2-13-9

这就像神话里的孙悟空，拔出一根毫毛就能变出成百上千个孙悟空来，现在我们可以做一个有趣的练习，从网上搜索一个孙悟空图片，用抠图工具扣除背景，然后写程序让孙悟空移动到随机位置，用图章盖一个孙悟空出来，并重复执行 100 次。（图 2-13-10）

图 2-13-10

知识要点

1. 使用"落笔"，可以开始画图，"抬笔"后结束画图。

2. "全部擦除"可以清空画布。

3. 画笔颜色从 0 到 100 分别代表不同的颜色，超过 100 的颜色显示的是该颜色值除以 100 之后的余数对应的颜色。

4. 颜色、饱和度、亮度都可以影响画笔颜色。

5. "图章"工具可以在角色所在位置留下该角色的图案。

 # 考点练习

1. 下图所示脚本绘制的图形是（   ）？

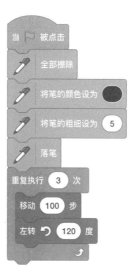

A. △

B. △

C. △

D. ▽

2. 在图形化编程中，使用画笔功能可以绘制各种图形。下列脚本能够绘制五角形的是（   ）。

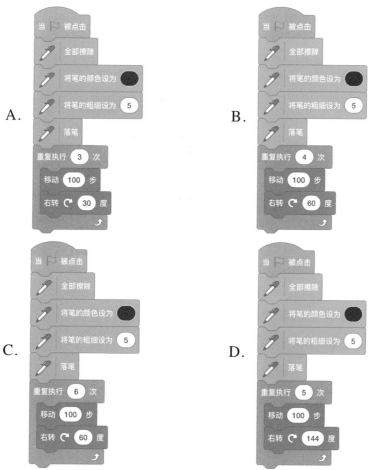

 趣味练习

一、神奇画笔

加加看了动画片神笔马良后觉得自己要是有一支神笔该多好呀，幸亏加加会编程序，虽然不能做到让画的东西变成真的，却可以做一个游戏，让小朋友画一匹彩色的马。

我们可以让一支毛笔跟随鼠标移动，按下鼠标就落笔，否则就抬笔，画笔颜色不断增加，就能画出五彩斑斓的图画了。

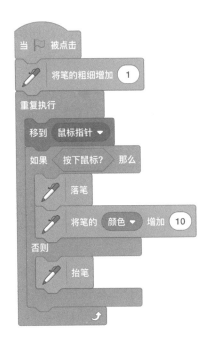

二、画彩虹

下雨之后，加加来到姥姥的平房上，看到天边挂着美丽的彩虹，彩虹由红橙黄绿青蓝紫七种颜色组成，就像一座彩色的桥，加加很想把这美丽的风景记录下来，于是，加加想做一个画彩虹的程序。

由于图形化编程编辑器中没有围绕某个角色旋转的指令，所以我们想出一个办法，先画一个大的红点，再画一个橙色的小一点的，再画一个黄色的小一点的，以此类推，可以画出所有颜色。

三、天宫一号运行轨迹

加加看电视的时候看到中国的空间站天宫一号每 90 分钟就能围绕地球飞行一圈，每次仰望夜空的时候加加都在想，天宫一号围绕着地球公转，地球又围绕着太阳公转，地球不断地在前进，那天宫一号应该怎样跟随着太阳转动呢？脑子里实在想不出，加加决定用程序模拟一下。

我们前面已经做过太阳系的程序了，现在只需要给天宫一号增加一个画笔落笔，再次运行程序，看看天宫一号是怎么运动的吧。

由于图形化编程编辑器中没有围绕角色旋转积木，所以我们需要先将地球移动到太阳位置，旋转一个角度后再移动开，这样就能模拟地球围绕太阳运转了。天宫一号也是同样原理，先移动到地球，旋转之后再移开一定距离。

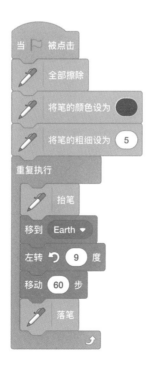

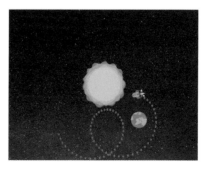

第三单元
事件和侦测

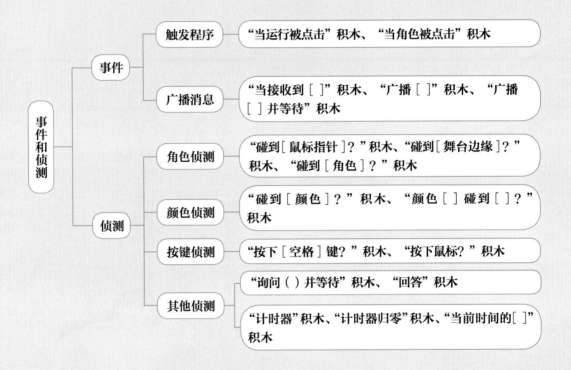

事件和侦测

事件
- 触发程序 —— "当运行被点击"积木、"当角色被点击"积木
- 广播消息 —— "当接收到［ ］"积木、"广播［ ］"积木、"广播［ ］并等待"积木

侦测
- 角色侦测 —— "碰到［鼠标指针］？"积木、"碰到［舞台边缘］？"积木、"碰到［角色］？"积木
- 颜色侦测 —— "碰到［颜色］？"积木、"颜色［ ］碰到［ ］？"积木
- 按键侦测 —— "按下［空格］键？"积木、"按下鼠标？"积木
- 其他侦测
  - "询问（ ）并等待"积木、"回答"积木
  - "计时器"积木、"计时器归零"积木、"当前时间的［ ］"积木

第14课　多功能电子琴

钢琴是西洋古典音乐中的一种键盘乐器，有"乐器之王"的美称。加加有一次去聆听了理查德·克莱德曼的钢琴演出，深深地被钢琴艺术所吸引，她决定用自己的编程知识制作一个电子钢琴，在电脑上多多练习弹琴，成为一个小小钢琴家。

在"添加扩展"中，选中"音乐"，就可以看到"音乐"模块中所有的积木了。（图3-14-1）

图3-14-1

选中"演奏音符（　）（　）拍"积木，可以弹出钢琴的黑白键。

白键从左到右依次是1、2、3、4、5、6、7和高音1。黑键表示半音，如1和2中间的半音是音高处于1和2中间的音。（图3-14-2）

我们可以借助它们奏出美妙的乐章。相信很多同学都已经迫不及待地想要做出自己的钢琴，

图3-14-2

奏响自己的乐曲了。那我们这节课就做一个钢琴的小程序吧。

　　首先我们设计一下场景，添加一个舞台做背景，再添加八个按钮做角色，摆放好它们的位置。为了区分按钮代表不同的音符，可以修改角色造型，在每个角色上添加数字，表示不同发音。（图 3-14-3）

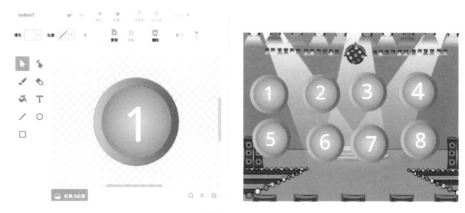

图 3-14-3

　　对八个角色，我们希望点击它们的时候能发出不同的音符声音，以便起到演奏的效果，所以，只需要修改 8 个按钮的音符值即可，分别对应的值是60、62、64、65、67、69、71、72。其中，72 是高音 do。（图 3-14-4）

　　同学们，我们启动程序，点击第一个角色，看看能否发出"do"的声音，如果没有问题，再点击其他角色试一试，看看发音是否正确。如果都没有问题，我们就在网上搜索歌曲《小星星》的简谱，看看能否弹出美妙的乐曲。试一试，让我们自己当一次钢琴演奏家吧。

　　加加弹奏了一会儿自己的电子钢琴觉得每次都要用鼠标去点按键太累了，于是想改成用键盘的按键来控制，这样就可以越弹奏越熟练了，于是她在每个按键角色上添加了如下程序。（图 3-14-5）

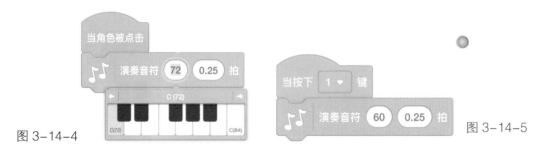

图 3-14-4

图 3-14-5

只要按电脑键盘上的 1 到 7 就可以弹奏曲子了，真的是很方便。可是加加马上又发现新问题了，很多曲子都需要用到低音或者高音，但是键盘上的数字键没有那么多，聪明的加加想到如果我们按住键盘 "up" 键的同时按 "1" 键让电脑播放高音 "do"，按住键盘 "down" 键的同时按 "1" 键让电脑播放低音 "do"，这样不就能演奏 21 个音了嘛。于是加加又把程序改进了一下。（图 3-14-6）

加加还顺便添加了按钮的颜色特效，这样就能让用户知道自己是否按键正确。

请同学们自己把其他音符的程序添加上吧。

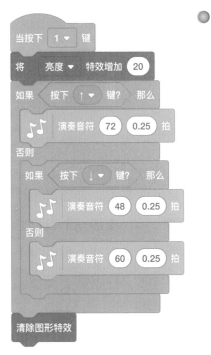

图 3-14-6

终于能顺畅地演奏钢琴了，加加很高兴。这时哥哥多多又来捣乱了，哥哥说邻居家的电子琴不但能弹钢琴，还能弹吉他。加加小眼珠一转，立即想到如何编写程序了，马上怼了回去："我的电子琴，不但能弹吉他，还能演奏长号、长笛、八音盒，如果我愿意，我可以让它演奏二十一种不同的乐器，只需要把每个按键的程序增加以下积木即可。"（图 3-14-7）

图 3-14-7

125

加加很快完成了程序编写，哥哥惊讶地看着妹妹："真想不到啊，你的编程水平已经这么高了。"加加更来劲了："这算什么，我还能让电子琴自动添加伴奏呢！"

为电子琴添加伴奏按钮，当角色被点击时开启重复执行，在重复执行中打击伴奏的小军鼓和低音鼓，就能当作节拍器用了,这样有利于培养乐感。(图3–14–8）

自己弹累了，加加想能不能让一个角色为我们弹一首完整的曲子呢？

第一步：添加一个自己喜欢的角色。

第二步：在这个角色身上按顺序写下自己喜欢歌曲的音符。

第三步：根据需要调整音长。（图 3–14–9）

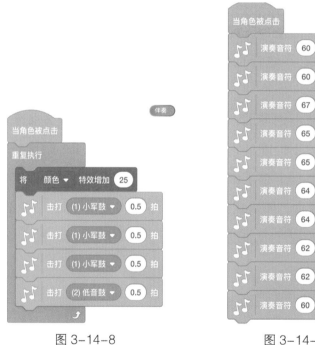

图 3–14–8　　　　　　　图 3–14–9

大家猜一猜这是什么歌呀？

同学们还会哪些歌曲，试试能不能根据简谱把音乐制作出来呢？

看到加加的电子琴功能如此完备，哥哥不由地伸出大拇指，给加加点了一个大大的赞。

程序清单：

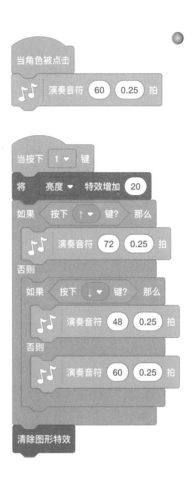

 知识要点

1. 在"添加扩展"里添加"音乐"分类到程序中才可以使用音乐演奏积木。

2. "击打［］（）拍"能播放打击类的乐器。

3. "演奏音符（）（）拍"可以播放弹奏类的乐器，可以通过"将乐器设为［］"积木来改变乐器类型。

4. "休止（）拍"是音乐中的休止符。

5. 用程序改变演奏速度会改变节拍的长度，从而让音乐变得明快或忧伤。

6. 将多个演奏积木连接到一起可以自动演奏一段完整的音乐。

考点练习

1. 下面能让角色模拟钢琴播放声音的是（　　）。

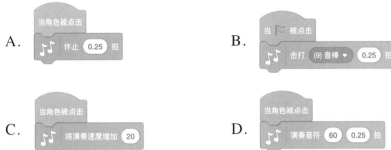

2. 下面程序能表示小猫一边唱歌一边走路的脚本是（　　）。

 趣味练习

一、生日礼物——八音盒

加加今天过生日，好闺蜜小雨送了一个可爱的八音盒当作礼物，加加可喜欢了，上满弦后八音盒就能自己弹奏美妙的生日快乐歌。加加为了感谢小雨，决定做出一个八音盒的程序赠送给小雨。

题目要求：自己制作一个过生日的场景，添加一个八音盒，当点击八音盒时先播放上弦的声音，然后播放生日快乐歌。

小提示：1. "将演奏速度设定为（　）"可以改变弹奏的速度。

2. "将乐器设为［　］"积木中有很多不同的乐器，选择其中的八音盒即可。

3. 大家可以上网搜索生日快乐歌的简谱，根据简谱编写程序即可。

4. 代码提示：

二、乱弹琴的猴子

加加看书的时候听过一个理论：将无限只猴子置于无限台打字机前，等待无限长的时间，那么猴子也能完整地写出一部《哈姆雷特》。这个理论说的是随机数只要足够多就能出现无限多种组合，这些组合中可能蕴藏着很多神奇的组合，例如我们本节课学的弹钢琴，用不同的数字代表不同的按键，那么一首曲子其实就是这些数字的组合。既然随机排列能出现很多意想不到的组合，我们何不开发一个随机弹钢琴的猴子呢？让它在钢琴前不断地乱弹，说不定它也能弹奏出贝多芬的著名钢琴曲呢。

题目要求：

1. 当"运行"被点击时不断地生成随机数，让钢琴去弹奏这些音符，节拍也用随机数生成。

2. 用三只猴子分别弹低音、中音、高音。

3. 加两只鼓用来打节拍，做伴奏。

代码提示：

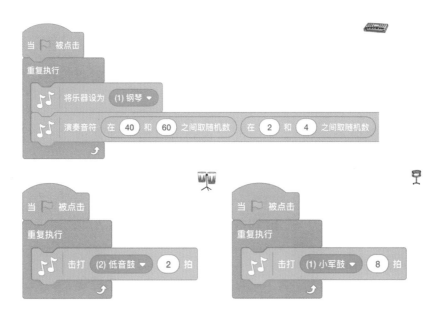

第 15 课　广播体操

"第八套广播体操，现在开始，一二三四，二二三四。"每天伴随着熟悉的口令，同学们整齐划一地做着广播体操，大喇叭播放的声音就像一个个指令一样，让大家做哪个动作大家就做哪个动作。

加加心想，写程序的时候如果也有这样一个大喇叭就好了，一个角色发送的广播可以被所有角色收到，就好像体育老师一吹哨子，所有同学都听到了集合的指令，大家就会立即集合。

"事件"分类下有两个积木能实现消息的发送和接收，一个是发送广播，一个是接收广播。（图 3-15-1）

"当接收到［消息］"积木只要接收到自己需要的消息，就可以触发后续程序，未收到消息之前，一直处于等待状态。新消息的名称可以自己编辑设定。

"广播［消息］"积木可以广播不同的消息，广播结束马上执行后续程序。

图 3-15-1

"广播［消息］并等待"积木把消息广播出去后，需要等待接收消息的程序执行完毕，才能执行后续程序。

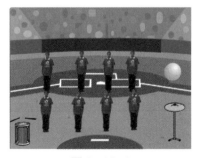

图 3-15-2

现在我们可以用广播来做一个全体同学集合和解散的游戏。（图 3-15-2）

当我们点击"散开"按钮时，所有同学分散到各个不同区域，自由活动；当点击"集合"按钮时，所有同学集合，排好队。

首先，我们选择一个背景，再挑选几个自

图 3-15-3   图 3-15-4   图 3-15-5

己喜欢的角色，设置好"集合"和"散开"按钮。

当我们点击"小鼓"，小鼓会发出"散开"的广播。（图 3-15-3）

当我们点击"锣"的时候，发出"集合"广播，让所有同学集合。（图 3-15-4）

这时候发送广播的代码就写完啦！那怎么让角色们接收呢？

选中一个角色，在他的身上写接收的程序。（图 3-15-5）

我们也需要让其他同学服从指挥呀。复制这段代码到所有同学身上即可。

集合的程序用相同的方法。

那我们给其他同学写上集合的程序吧！注意每个同学集合时所站定的位置是不同的，需要设置不同的 x、y 坐标。（图 3-15-6）

做好了集合和解散程序，下一步我们可以做体操动作的广播了，增加一个按钮，当角色被点击的时候发送广播体操的消息。

当角色接收到广播时变换下一个造型，就可以实现整齐划一的动作了。（图 3-15-7）

现在大家可以下载一个广播体操的背景音乐，我们跟随着广播体操开始锻炼吧。

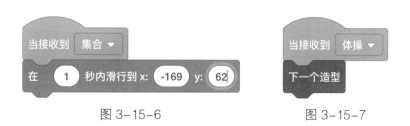

图 3-15-6   图 3-15-7

程序清单

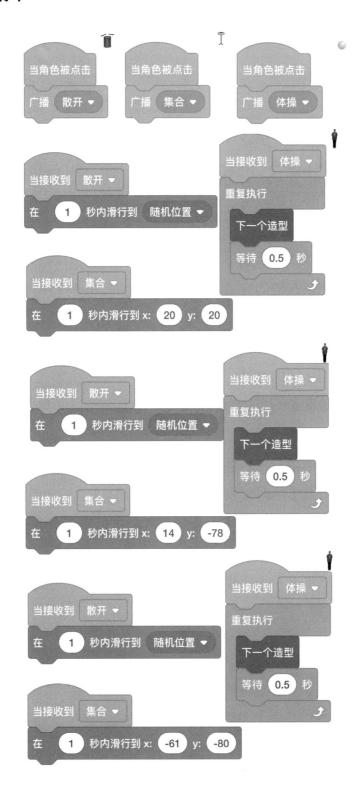

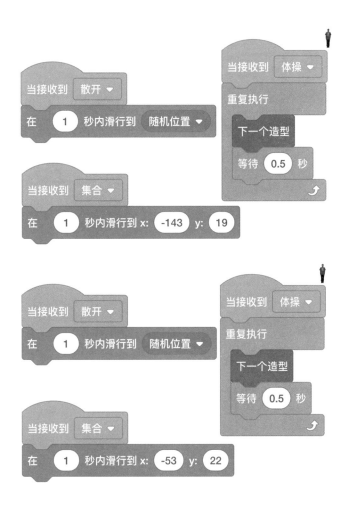

 知识要点

1.　"广播［］"积木要和其他积木搭配使用。

2.　"广播［］"积木中的"新消息"可以自行编辑广播内容。

3.　"广播［］"在执行完后不做任何等待，继续执行下面的代码。

4.　"广播［］并等待"执行完后，会等待接收到消息的角色将脚本执行完，再继续执行后面的代码。

5.　"广播［］"的角色也可以接收自己发出的广播。

考点练习

1. 棕熊有多个不同走路造型，下面脚本积木运算表达式空白处，填写什么数字可以让棕熊运动起来（　　）。

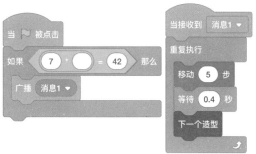

A. 5 　　　　　　　　　　　　　B. 6

C. 7 　　　　　　　　　　　　　D. 8

2. 运行下面程序，如果输入数字 7，气球造型变为（　　）。

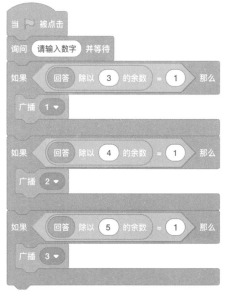  

A. 造型 a 　　　　　　　　　　　B. 造型 b

C. 造型 c 　　　　　　　　　　　D. 程序报错

趣味练习

一、红绿灯

爸爸载着加加放学回家，在等待过马路时，路口的红绿灯引起了加加的注意。加加心想，红绿灯会发出信号让汽车走动或停止，为什么它可以自己改变颜色指挥交通呢？我用编程可不可以做出来呢？我们帮助加加一起做一个红绿灯的小程序吧。

我们可以在"重复执行"中等待 3 秒发送一个红灯信号，再等待 3 秒发送一个绿灯信号，以此类推。当背景接收到绿灯信号时开始移动。当接收到红灯信号时停止该角色的其他脚本。

红绿灯可以用隐藏和显示角色积木来控制。

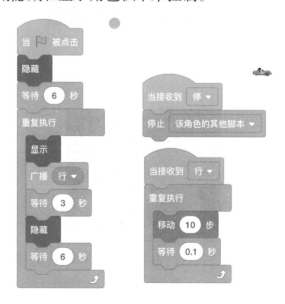

二、遥控灯

加加去游乐场玩了一天，回到家疲惫不堪，趴到床上直接睡了过去，等到她醒来发现没有关灯。加加想：有没有那种可以在床上遥控的灯呢？不妨我们先用程序做一个吧。

1．用画板画一个黑色的矩形。

2．在黑色的背景角色前加入两个开关按钮。

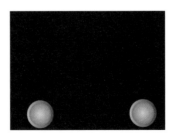

3．我们先写一个开灯的程序代码，点击广播代码中的新消息，更改名称为"开灯"。

4. 灯亮了，我们就可以看见家里的各个物品了。在黑色画布上写程序让它隐藏起来。

5. 现在，请同学们写一个关灯的程序吧！

第16课　躲避恶犬

放学后加加在小区里玩,突然前面窜出一条没有拴绳子的大狗,龇牙咧嘴,眼睛盯着加加。加加吓了一大跳,稍做镇定,观察了四周,突然发现地上有一根棍子。加加拾起棍子,同时大叫一声。大狗见状,吓得撒腿就跑。加加心里想:如果我会魔法,遇到这种情况马上出现一堵墙就好了,这样大狗也没法靠近我。

同学们,加加的魔法墙让我们用程序来帮她实现吧。(图3-16-1)

图3-16-1

首先,我们添加小狗和人物角色,狗一直可以追人。小狗怎么才能向人的方向跑去呢?我们需要比较狗和人的x和y坐标,如果"人的x坐标"大于"小狗的x坐标","小狗x坐标"就增加,反之"小狗x坐标"减少,y坐标也是同理操作。为了体现小狗跑步效果,我们还需要不断变换小狗造型。(图3-16-2)

图 3-16-2

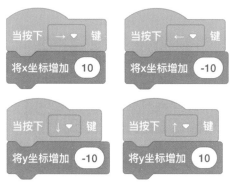

图 3-16-3

其次，我们还需要能通过上下左右键控制人的运动。（图 3-16-3）

小狗快追上人的时候，人可以施展魔法，按下空格键，在小狗和人之间变出一堵墙，小狗碰到墙后就无法通过了。我们要实现这个功能，首先需要将墙的位置设置在小狗和人的中间，墙 x 坐标 = (小狗 x 坐标

图 3-16-4

+ 人 x 坐标）/2，墙 y 坐标 =（小狗 y 坐标 + 人 y 坐标）/2。（图 3-16-4）

墙建好了，小狗就不能穿墙而过。怎么才能实现这个功能呢？

这个时候，需要用到"侦测"分类下"碰到 [ ] ？"积木或者"碰到颜色 [ ] ？"积木。（图 3-16-5）

"碰到 [ ] ？"积木：侦测是否碰到某个角色，如果碰到执行后续程序。

"碰到颜色 [ ] ？"积木：侦测是否碰到设定的颜色，如果碰到执行后续程序。

图 3-16-5

今天我们通过颜色来侦测判断。我们不知道颜色值，这个时候我们可以通过"吸取"功能，吸取墙的颜色。（图 3-16-6）

当碰到红色且 x 坐标 <"人的 x 坐标"，小狗在人的左侧，此时需要让小狗 x 坐标减少抵消它运动时 x 坐标的增加；如果碰到红色且 x 坐标 >"人的 x 坐标"，小狗在人的右侧，此时需要让小狗 x 坐标增减抵消它运动时 x 坐标的减少。（图 3-16-7）

图 3-16-6

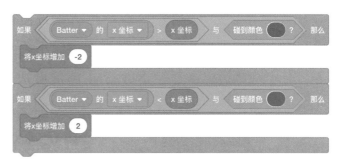

图 3-16-7

现在有个问题，虽然小狗不能穿墙了，但是人仍然能穿墙，聪明的同学们，你们能不能自己写程序，让人也不能穿墙呢？

完成了程序的主体功能后，我们可以给程序增加一些音效，请同学们发挥自己的创造力，让程序变得更完美。

程序清单：

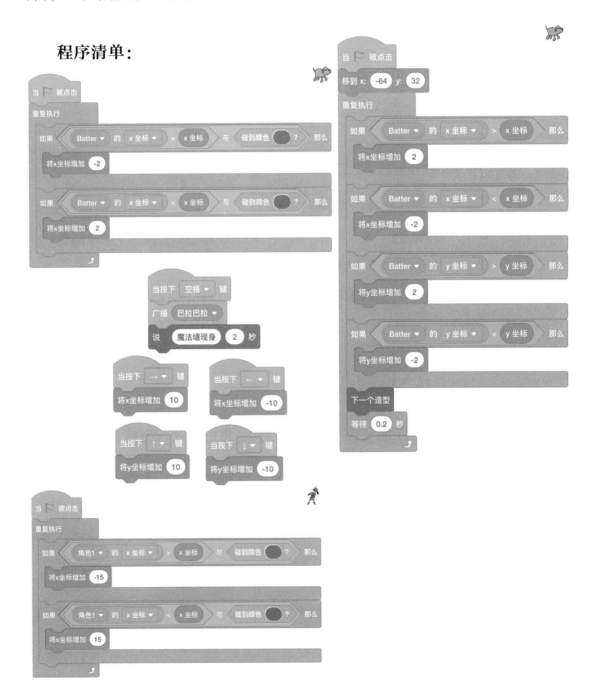

知识要点

1. "侦测"分类下属性积木可以侦测碰撞、鼠标坐标、时间、计时器等属性。

2. 利用"碰到颜色〔〕？"积木可以判断当前角色是否撞到了某个颜色。

3. 利用"碰到〔〕？"积木可以检测一个角色是否撞到了另一个角色。

4. "碰到〔〕？"积木还可以判断角色是否碰到鼠标或舞台边缘。

5. "颜色〔〕碰到颜色〔〕"可以判断整个场景中是否有颜色碰撞情况发生。

考点练习

1. 下面哪个程序能实现：当按下鼠标，角色上升，当放开鼠标，角色下降（　　）。

A. 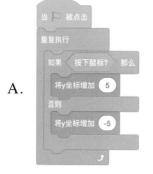　　B.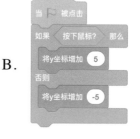

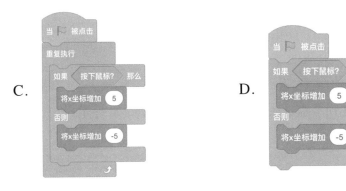

C.　　　　　　　　　　　　D.

2. 点击四次鼠标，角色移动步数_____。

 趣味练习

一、超级迷宫

小区里种植了很多冬青，物业工作人员把冬青修剪成了很好玩的形状，花园的小路也被设计成了弯弯曲曲的样子，像一个迷宫。加加经常和弟弟把冬青墙当迷宫来玩。加加在迷宫中放了一个好吃的汉堡，让弟弟在迷宫中寻找汉堡，他们玩得可高兴了。

现在我们要在图形化编程编辑器中实现迷宫游戏了。

1. 用画板制作一个迷宫，从角色库中添加主角和奖品。

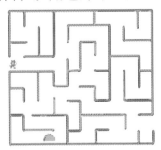

2．给主角写控制程序和碰撞程序。如何防止弟弟穿越冬青？可以仿照前面的人物控制程序来完成。

3．如果弟弟碰到了汉堡，弹出游戏成功界面。

4．如果弟弟碰到了墙，则需要回到原点重新开始行走。

二、跑跑卡丁车

弟弟在森林公园里玩了一次卡丁车，开卡丁车真是太好玩了，能够驾驶着一辆小汽车在弯弯曲曲的赛道中快速穿梭。弟弟一口气开了8圈，虽然还没玩够，但是天快黑了，他们不得不回家了。回家后，弟弟还吵着要玩卡丁车，加加决定为弟弟开发一个卡丁车游戏。

1．用画板画一个属于自己的赛道，添加上自己喜欢的赛车，让我们出发吧！

2．给赛车写控制程序，当按下键盘的向左和向右键的时候让卡丁车转弯。按向上按键的时候让卡丁车前进，按向下按键的时候让车后退。

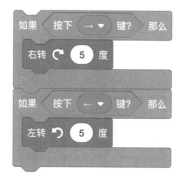

3．当赛车碰到路边的时候，赛车后退，这样就不会穿墙了。

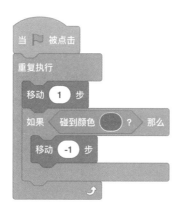

4. 控制程序和碰撞程序相结合，我们的赛车就做好啦。

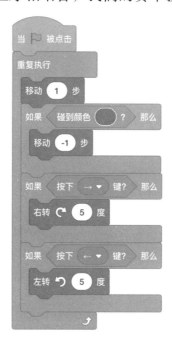

第四单元
变量

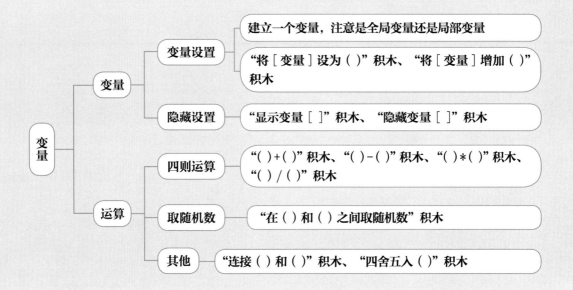

第17课　乒乓球练习机

加加是一个乒乓球爱好者，妈妈为加加在客厅摆放了一个微型乒乓球桌，加加就在客厅和弟弟比赛打乒乓球，起初是妈妈负责计分，后来妈妈去上班的时候就没有人给计分了，弟弟老是要赖。加加感觉很苦恼。这时候加加想如果可以在电脑上开发一个乒乓球游戏，让电脑来计分，这样弟弟就没办法要赖了。那我们来帮助加加做一个小程序，让她可以在电脑上打乒乓球吧。

点击"变量"分类，我们可以看到变量相关的积木。（图4-17-1）

图4-17-1

新建变量

默认变量是"我的变量"，也可以新建一个变量，点击"建立一个变量"积木，我们可以给变量命名，对话框中可以选择"适用于所有角色"和"仅适用于当前角色"，意思就是新建的变量是否只有当前角色使用或者所有角色都可以使用。点击确定后，变量"积分"就创建好了，默认值为0，并能在舞台区左上角显示。（图4-17-2）

图4-17-2

修改变量

"将［］设为（）"和"将［］增加（）"2 个积木，
都是为了修改变量的值,根据程序的需要可以灵活使用。
（图 4-17-3）

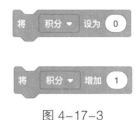

图 4-17-3

隐藏或者显示变量

"显示变量［］"和"隐藏变量［］"2 个积木，可以让变量在舞台区显
示或者隐藏。

也可以通过变量名的勾选来实现显示或者隐藏。（图 4-17-4）

现在我们来做一个乒乓球游戏，用变量来记录得分吧。

要求：画一个挡板，x 坐标跟随鼠标运动，再添加一个小球，如果碰到
舞台边缘就反弹，碰到挡板分数加 1，并反弹出去。（图 4-17-5）

图 4-17-4

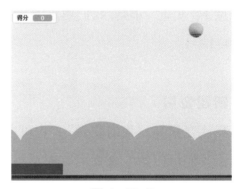

图 4-17-5

1.素材库中选取自己喜欢的背景,进入画板分别画两条长短不一的线段,
蓝色的短线作为乒乓球拍，红色的长线放在场景底部，用来检测乒乓球是否
落地。

因为我们不想改变球拍的高度，只想控制球拍的左右方向，所以让球拍
跟随鼠标移动时，将球拍 x 坐标设为鼠标的 x 坐标，我们用下面的代码。（图
4-17-6）

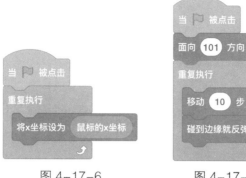

图 4-17-6　　　　　　　　　图 4-17-7

2. 从素材库中寻找一个球，用下面的程序控制球的降落，先修改小球"面向 101 度"，如果碰到舞台边缘就反弹，如果碰到球拍就反弹一个随机方向。（图 4-17-7）

3. 新建变量"得分"，用来保存自己的分数。（图 4-17-8）

4. 球碰到蓝线得分加 1，碰到红线得分减 1。（图 4-17-9）

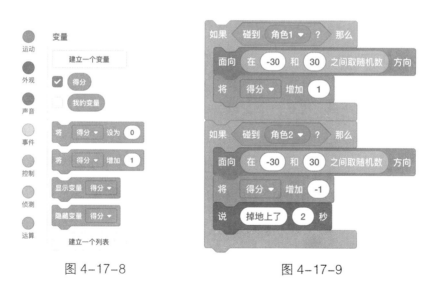

图 4-17-8　　　　　　　　　图 4-17-9

请大家自己添加球碰到球拍和地面的声音吧，这样会让游戏效果更酷炫。

程序清单

当 ▶ 被点击

面向 0 方向

重复执行

　移动 10 步

　碰到边缘就反弹

　如果　碰到　角色1 ▼　?　那么

　　面向　在 -30 和 30 之间取随机数　方向

　　将　得分 ▼　增加　1

　如果　碰到　角色2 ▼　?　那么

　　面向　在 -30 和 30 之间取随机数　方向

　　将　得分 ▼　增加　-1

　　说　掉地上了　2 秒

当 ▶ 被点击

重复执行

　将x坐标设为　鼠标的x坐标

 知识要点

1. "变量"分类下的"建立一个变量"可以新建一个变量，变量用来存储数据。

2. 显示或者隐藏变量可以通过"显示变量［ ］"或"隐藏变量［ ］"积木实现。

3. "将［我的变量］设为（ ）"积木可以直接设置变量为某个数值。

4. "将［我的变量］增加（ ）"积木可以在变量原有数据基础上增加或减少。

 考点练习

1. 在哪里新建变量（ 　 ）。

A. ⬤ 侦测

B. ⬤ 运算

C. ⬤ 变量

D. ⬤ 自制积木

2. 运行下图积木，输入 4，则新建对话框输出的内容是（　　）。

A．10

B．20

C．4*5

D．错误

趣味练习

一、英雄的血量

我们可以用变量来记录主角的血量，也可以用来记录子弹的数量。

加加是一个冒险达人，最喜欢射击游戏。她打算做一个游戏，规定每个人最多可以被打中 5 次，每个人只有 10 颗子弹。而且，如果血量等于 0，游戏就结束了。让我们帮助加加完成这个游戏吧！

素材库中选取喜欢的背景，选取人物，进入画板画一个靶心，调整位置，新建变量"子弹数""被击中数""血量"，人来回走动，靶心跟随鼠标移动，靶心碰到人物时各项变量发生相应变化（子弹数和血量减一，被击中数加一）。

1. 设置好变量，包括子弹数和血量的数值。

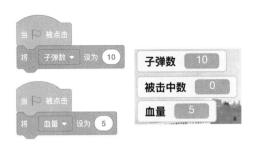

2. 设置子弹碰到目标人物时各项变量变化。

3. 让靶点跟随鼠标运动，当点击鼠标时判断人物是否碰到红色，如果碰到了红色则是击中了人物，否则没有击中。

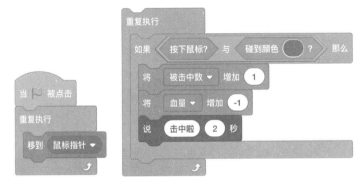

4. 判断如果子弹数量为 0 时停止程序，说"游戏失败"。

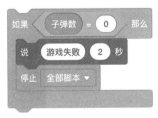

5. 如果人物血量为 0 则停止游戏，说"你赢了"。

二、数学王子

数学王子高斯 9 岁就能快速计算 1+2+3+……+100 的和，同学们，我们学习变量，请编写一个程序，让任意输入一个正整数 n，我们都可以快速计算出 1 到 n 所有自然数的和。

1. 首先申明变量 n，表示让用户输入值；变量 m，表示从 1 开始，不断自增 1；变量和，表示每次相加后的结果。

2. 重复执行 n 次，将变量 m+"和"，并将结果赋值给变量"和"。

第 18 课　口算练习小软件

加加上二年级了，每天都要做很多口算题，但是做完之后还要挨个儿核对答案，非常浪费时间。于是加加想做一个程序，让计算机随机出题，输入答案后计算机自动告诉她做对了还是做错了。这样就可以帮助加加更有效率地做练习题了。（图 4-18-1）

图 4-18-1

要求：让计算机随机出加法运算的计算题，询问答案，等用户输入答案后告诉用户的答案是对还是错，此时，需要用变量来存放计算的数和答案。

制作步骤：

1. 新建变量，分别为数 1，数 2 和答案。（图 4-18-2）

2. "数 1"和"数 2"分别设置为 1 ～ 10 之间的随意一个数，组成简单的式子。（图 4-18-3）

3. 变量答案设置为两个变量"数"的和。等用户输入自己的答案后，我们跟正确答案比较一下就知道用户输入是否正确了。（图 4-18-4）

图 4-18-2

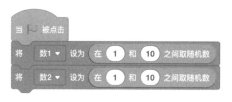

图 4-18-3

图 4-18-4

图 4-18-5

图 4-18-6

这里用到了两数相加的积木，该积木可以把两个变量的值相加，然后用"将［变量］设为（）"积木把计算结果赋值给某个变量。除了加法，还有减法、乘法、除法。（图 4-18-5）

4. 让角色询问问题并等待。（图 4-18-6）

这里用到了一个新的积木："连接（）和（）"。这个积木的作用是把两句话连接到一起，形成一句完整的话。被连接的话叫作字符串。但是每次只能连接两个字符串，所以我们用 3 个连接积木把 4 个字符串连接到一起，组成一个运算表达式。

"侦测"分类下"询问（）并等待"积木会在舞台上出现一个对话框，等待用户输入信息，并存放在"回答"里。（图 4-18-7）

5. 当"回答"等于"答案"时说"答对了"，否则说"答错了"。（图 4-18-8）

我们用 积木来判断两个数字是否相等。

同学们还可以发挥创意，答对了弹出开心的画面，答错了出现悲伤的画面。

图 4-18-7

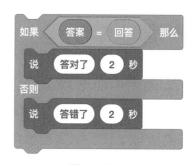

图 4-18-8

159

程序清单

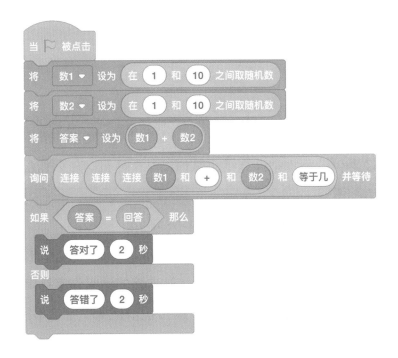

 ## 知识要点

1. 两个变量如果赋值是数字，可以进行加、减、乘、除四则运算。

2. "询问（）并等待"可以弹出一个输入框，等待用户输入。用户输入的内容保存在"回答"中。

3. 两个字符串可以用"连接（）和（）"积木连接到一起。

 ## 趣味练习

一、加加的压岁钱

每年过农历新年的时候妈妈都会给加加 100 块钱压岁钱。今年妈妈说：我第一天给你 1 块，第二天给你 2 块，第三天给 4 块，每天的压岁钱都是前一天的 2 倍，一直给 30 天，或者一次给你 100 块，你觉得哪个更划算？请小朋友帮加加算一下吧。

第一天给 1 块，第二天给 2 块，一直给 30 天，用变量计算出 30 天可以拿到的钱数。

1. 新建两个变量，分别为"当前给多少钱"和"压岁钱"。

2. 第一天给一块钱，所以把变量"当前给多少钱"设置为 1，变量"压岁钱"设置为 0。

3. 第一天一块钱，第二天两块钱，所以"当前给多少钱"*2，用到了"运算"分类下的 。

将 当前给多少钱 ▼ 设为 当前给多少钱 * 2

4. 运用到了 ◯●◯ 公式，总的压岁钱 = 累计压岁钱 + 当前给多少钱。

5. 总共给了 30 天所以要重复执行 30 次：

二、纸的对折实验

加加今天去上了折纸课，她拿出一袋彩色卡纸，发现这一小袋里面竟然可以放那么多张卡纸，加加就想，一张纸的厚度大概是 0.3 毫米，那把一张纸对折 30 次能有多厚呢？我们一起来帮帮加加吧！先猜猜，再写程序计算一下吧。

1. 根据题目要求新建变量"纸张厚度"值为 0.3，变量"折叠后层数"值为 2，新建变量"折叠后纸张厚度"值为 0。

2. 设置变量"折叠后纸张厚度"用到了"运算"分类下的乘法。

3. 折叠后层数为上一次折叠层数 *2。

4. 总共折叠 30 次，所以重复执行 30 次。

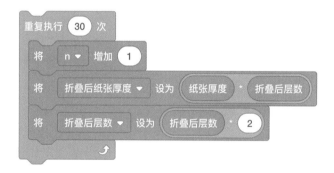

第五单元
综合运用——坦克城

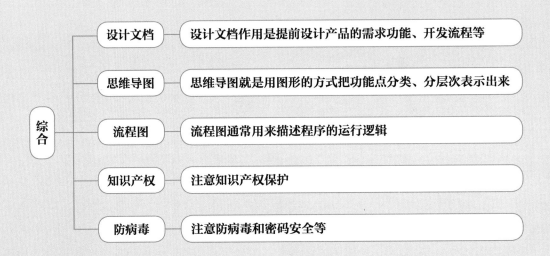

第19课　坦克大战

　　加加看了一部讲述第二次世界大战的电影，电影里面有盟军和德军的坦克在战场上排兵布阵的场面，很壮观。加加好几次梦到自己驾驶着超级坦克驰骋疆场，保卫祖国。加加学编程很长时间了，大部分功能都会使用了，她想做一个功能丰富的游戏，让两个人分别控制一辆坦克，坦克能发射炮弹，能打败敌人，敌人有6辆坦克，能自己到处行走，发射炮弹，而且要有计分系统。这么一想，加加觉得有好多工作要做，一时间不知道该从哪下手了。

　　设计一个复杂的程序需要怎样厘清思路并找到那么多素材呢？（图5-19-1）

图 5-19-1

对于复杂软件，设计文档非常重要，把创作要求、设计思路写下来会有助于我们厘清思路。

设计文档

如果是帮别人开发软件，我们需要聆听他们的开发要求，把这些要求整理成需求文档，在需求文档中描述软件需要实现什么功能。如果是自己设计，可以把作品想要实现的主要功能简单列出来。

例如，坦克游戏的设计文档如下：

1．创作背景

同学们学习历史知识的时候都会觉得很枯燥，如果能把历史知识融入游戏中就会让学习过程充满乐趣，学习知识的同时还锻炼了手眼协调能力。

2．功能表

（1）游戏封面，选取一张吸引人的图片做背景，以文字的形式展示二战的背景知识。

（2）游戏封面有"开始游戏"按钮和"游戏说明"按钮。

（3）当点击"游戏说明"按钮时展示游戏的操作说明，点击"关闭"按钮可以关闭操作说明。

（4）点击"开始游戏"按钮，封面页切换为主场景，开始游戏。

（5）游戏可供两个人同时操作，WASD 控制 P1 角色，上下左右方向键控制 P2 角色。

（6）场景由砖块堆砌，坦克不可以穿墙。

（7）坦克能发射炮弹，炮弹飞行过程中如果碰到敌方坦克，就炸毁敌方坦克。

（8）敌方坦克有 6 辆，能随机到处行走，能随机发射炮弹。

（9）敌方坦克击中我方坦克，我方坦克会死亡。

（10）我方两辆坦克都死亡则游戏失败，游戏结束后弹出失败画面。

（11）游戏用变量记录得分，达到 6 分游戏胜利。

（12）游戏胜利弹出胜利画面。

（13）游戏中有坦克声音，有炮弹发射声音，有击中目标爆炸声音。

思维导图

当功能点比较多时，我们可以用思维导图来表示，思维导图就是用图形的方式把功能点分类、分层次，更有助于我们记忆或捋清头绪。如果用思维导图来表示该游戏的功能点，可以参照下图。有很多软件都可以制作思维导图，如果不想安装软件，也可以选择在线制作。（图 5-19-2）

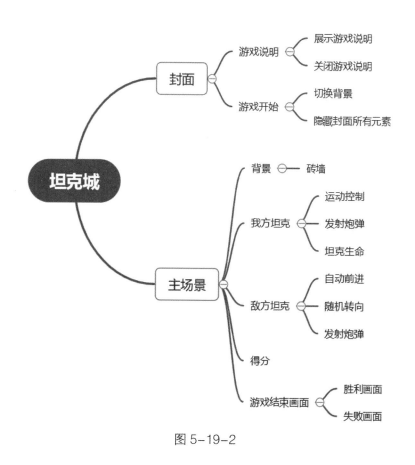

图 5-19-2

流程图

如果程序设计得比较复杂，程序逻辑就会显得比较混乱，这时候我们最好用流程图把程序功能描述出来，有助于我们厘清思路。流程图通常用来描述程序的运行逻辑，我们的程序可以分开写流程图。

游戏初始化的流程图如下（图 5-19-3）：

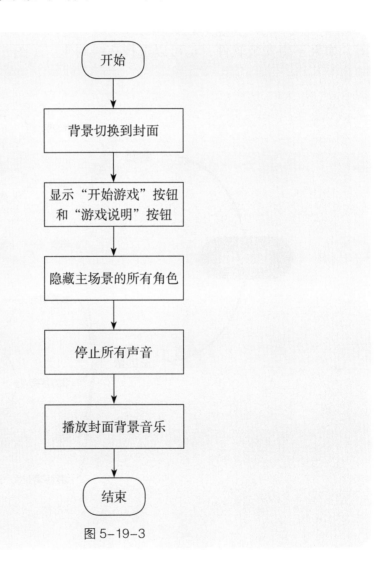

图 5-19-3

封面页面的"游戏说明"按钮流程图如下（图5-19-4）：

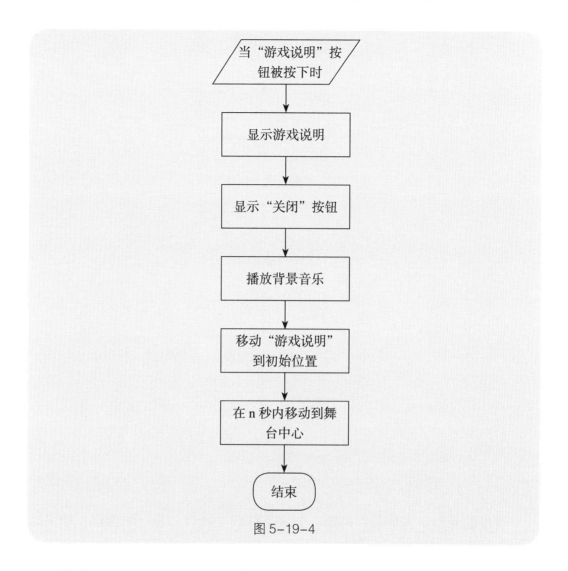

图5-19-4

该流程图是一个非常简单的流程图，描述了当我们点击"游戏说明"按钮时程序的执行逻辑。椭圆形状代表程序开始或结束，矩形代表程序执行的指令，箭头代表程序的执行方向。

点击"开始游戏"时，我们需要做一些场景切换工作，由于有很多角色都需要显示和隐藏，我们可以考虑做成广播消息的方式。封面中的角色收到游戏开始的消息时隐藏，主场景中所有角色收到消息后显示。由于这些流程比较简单，所以无须画出流程图。

主角的方向行走控制程序流程图如下（图 5-19-5）：

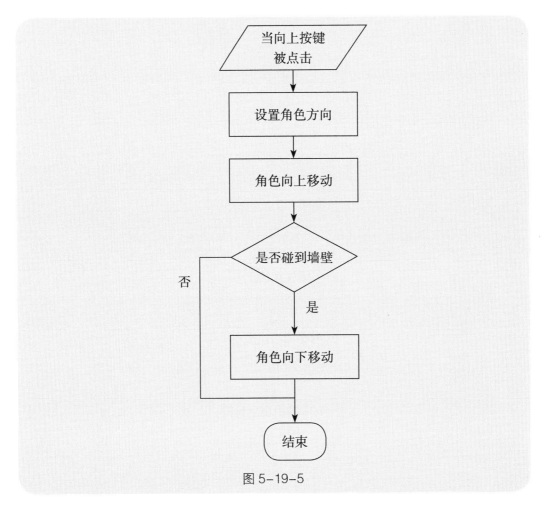

图 5-19-5

这里的菱形是表示条件判断，如果条件成立执行"是"的流程，如果条件不成立执行"否"的流程。

我方坦克发射的炮弹可以是红色的，这样就可以在敌人身上写程序，使敌人碰到红色就爆炸。敌人的炮弹可以设置成蓝色的，我方的坦克如果碰到蓝色就爆炸。

炮弹的程序流程图可以如下（图5-19-6）：

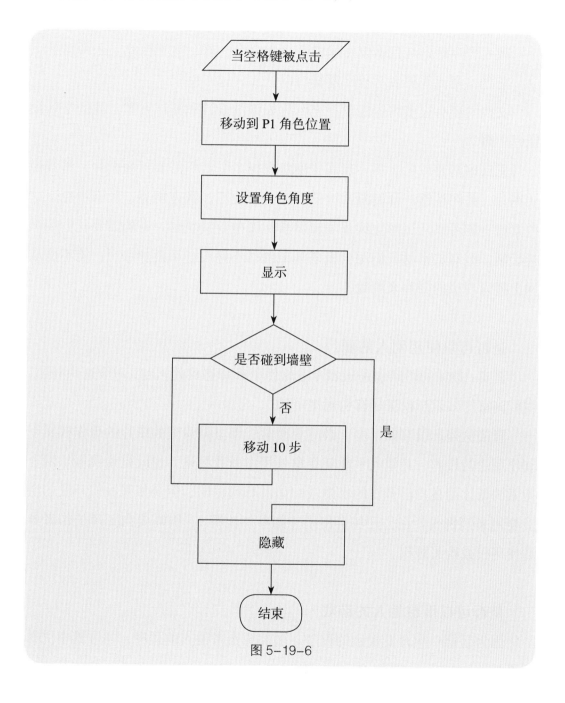

图5-19-6

在这个流程图里，如果条件不满足，程序回到上方重复执行，这就是重复执行的流程图画法。

敌人坦克碰到红色就爆炸的原理也和这个一样，就不在此一一画出了。

总之，用流程图表示程序逻辑可以让人一目了然。

文档中还有很多内容需要补充，比如详细设计和测试方案，我们在后续课程中再学。

思路理清楚以后，下一步需要准备素材了，我们需要封面图片，游戏说明图片，关闭按钮，开始游戏按钮，坦克城地图，我方坦克，敌方坦克。这些素材有的可以从图形化编程编辑器素材库中直接获得，有的需要我们用画板绘制，但有些素材我们用画板来画又画得不好看。于是加加想：能不能从网上搜索现成的图片来用呢？

是否可以使用别人的图片

其实，加加的疑问也是很多专业软件工程师遇到的问题，对于这些问题，我们国家的知识产权法是有明确规定的。

直接从搜索引擎如百度、必应等搜索引擎里搜索到的图片的著作权属于制作图片的作者，其他人不能随意拿来用作商业用途，也就是说我们从网上搜索的图片用在自己开发的小游戏中是没有问题的，但是如果我们开发的游戏要用来销售或者在公开场合使用（如参加比赛），则需要向图片的作者申请使用权或购买版权。

是否可以借鉴他人的游戏

因为是第一次开发复杂的程序，加加想参考他人的程序，学习其中优秀的设计。

如果从网上看到他人的游戏开发得很有趣，自己也想做一个类似的游戏，可以模仿他的游戏，功能类似也没问题，中国的软件著作权规定，软件作品著作权保护作者的源代码和程序中的图片，而作品创意、布局风格等不受保护。我们可以参考他人的游戏，在其基础上改进得更好。

从网上下载应该注意什么

从不正规的网站下载小游戏通常会包含很多流氓软件或病毒。

所谓流氓软件，就是在你不知道的情况下偷偷安装在电脑上的各种软件，他们经常会弹出一些广告甚至是违法内容，有时候还会自动下载更多流氓软件。电脑中的流氓软件太多会造成电脑卡顿，弹窗太多会影响我们学习。而病毒是危害性比流氓软件还大的恶意程序。电脑中病毒会造成文件损坏、丢失，密码被窃取，有的甚至会造成电脑损坏。

为了防止电脑中病毒，需要给电脑安装正确的防毒软件。

设置自己的密码要注意保密

有的网站下载音效、程序等资源时需要注册账号，注册账号时需要设置密码，我们要养成良好的习惯，不用自己的生日做密码，不用太简单的密码如 123456，abc123 等。正确设置的密码应该是大小写字母和数字混合，且没有规律，如 il5Ko0。

编程实战

现在可以动手制作坦克大战了，我们可以从主场景入手，把主要程序先写出来。

用画板绘制地图如下（图 5-19-7）：

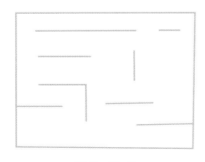

图 5-19-7

再用画板绘制一辆坦克。（图 5-19-8）

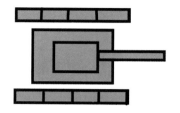

图 5-19-8

书写坦克的上下左右运动控制程序，按下不同的按键的时候让坦克朝向不同方向并前进。为了防止坦克穿墙，我们在一个重复执行中判断如果碰到墙壁则后退一点。（图 5-19-9）

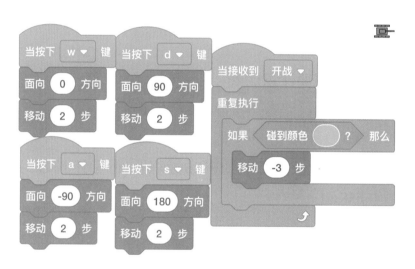

图 5-19-9

为了能让坦克发射炮弹，我们需要用画板画一颗炮弹，然后写程序控制当按下空格键时让炮弹向前飞行。为了区分出我方和敌方的炮弹，我们将敌我双方炮弹设置成不同的颜色。（图 5-19-10、5-19-11）

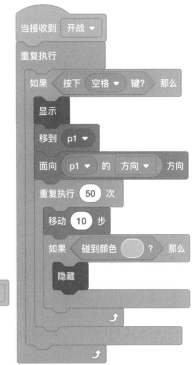

图 5-19-10   图 5-19-11

炮弹的飞行方向需要与坦克的方向一致，初始位置需要与坦克相同，并且在飞行过程中如果碰到墙壁就隐藏起来，这样炮弹就不会穿墙了。

现在我们可以手工广播一个"开战"消息，可以看到，坦克能受控制移动并能发射炮弹了。（图 5-19-12、图 5-19-13）

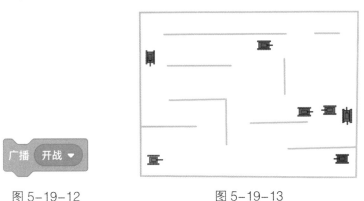

图 5-19-12   图 5-19-13

敌方坦克不受我们控制，可以随机到处行走，并且同样不允许穿墙。（图 5-19-14）在这里我们使用了随机数，生成了 0 到 3 之间的随机数，乘以 90 之后就可以得到 0、90、180、270 四个随机数了，用这 4 个随机数就可以让坦克随机转向了。

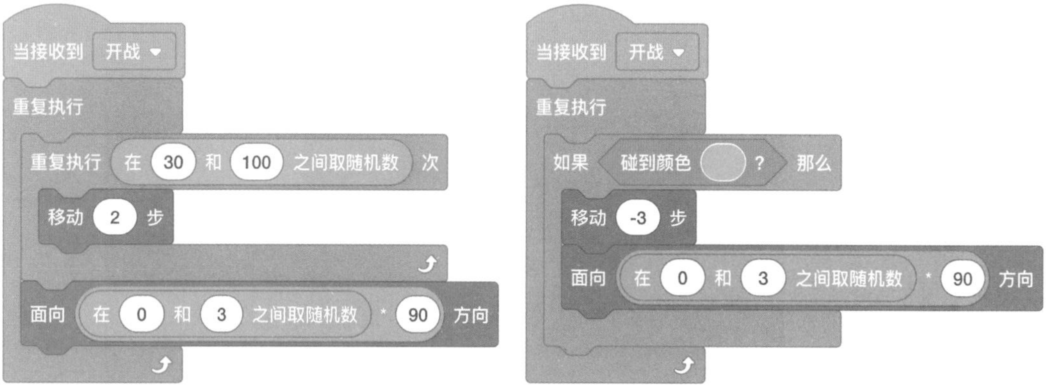

图 5-19-14

敌人的炮弹程序与我方炮弹原理相同，只是需要敌方坦克发送广播来控制炮弹的发射，程序如下（图 5-19-15）：

发送广播的程序需要写在敌方坦克身上。（图 5-19-16）

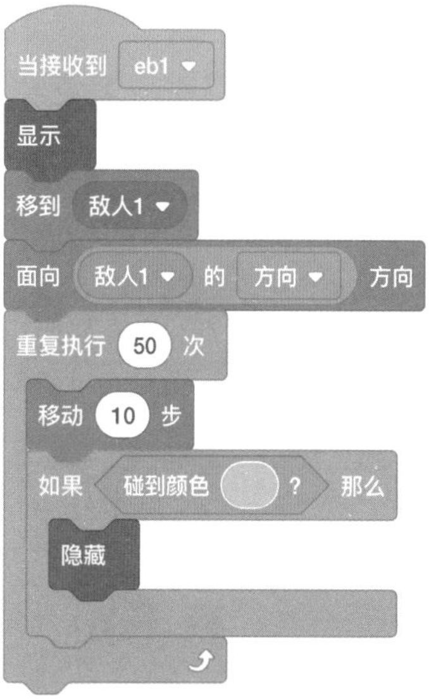

图 5-19-15 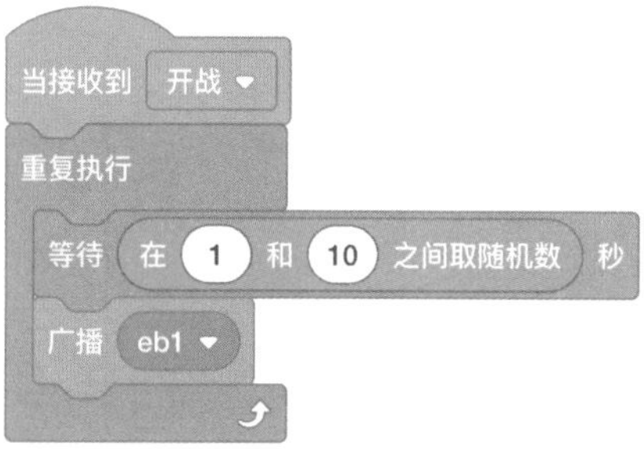　　　　　　　图 5-19-16

坦克能动起来了，也能发射炮弹了，但是不会爆炸，这是因为爆炸的程序我们还没写。首先为双方坦克做一个爆炸的造型。（图 5-19-17）

在我方坦克的程序中增加判断，如果碰到炮弹就切换为爆炸造型，并消失。（图 5-19-18）

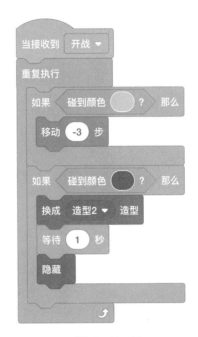

图 5-19-17   图 5-19-18

　　敌方坦克程序稍微有点区别，需要检测红颜色炮弹，同时在爆炸后需要停止该角色的其他脚本，否则还会继续发射炮弹。（图 5-19-19）

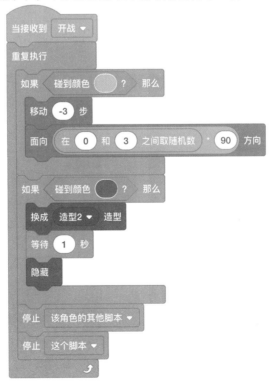

图 5-19-19

　　其余 5 辆敌方坦克功能类似，只是每个坦克都需要添加一个炮弹。请大家自己思考程序的写法。

　　为了给程序积分，我们增加两个变量，得分和血量，击毁敌方坦克时得分增加，我方坦克被击毁时血量减少。（图 5-19-20、图 5-19-21）

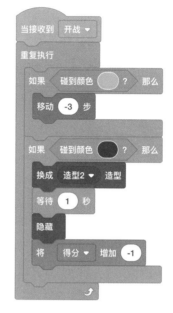

图 5-19-20　　　　　　　　　　图 5-19-21

　　当得分达到 6 分时，弹出胜利画面。（图 5-19-22、图 5-19-23）

图 5-19-22

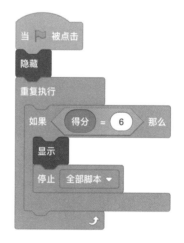

图 5-19-23

　　当血量为 0 时弹出失败画面。（图 5-19-24、图 5-19-25）

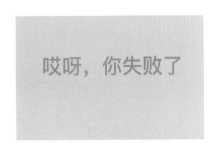

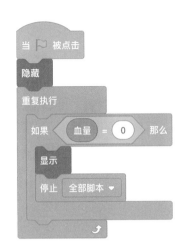

图 5-19-24　　　　　　　　　　　　图 5-19-25

接下来就制作游戏封面了，在画板中制作游戏说明，然后添加两个按钮，一个是开始游戏，一个是显示游戏说明。（图 5-19-26）

我们可以使用广播消息来控制封面中所有角色和主场景中所有角色的显示和隐藏。（图 5-19-27）

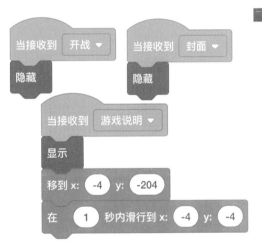

图 5-19-26　　　　　　　　　　　图 5-19-27

至此，主要程序就开发完成了，同学们可以在此基础上继续优化，增加音效，改良背景等。

如果要开发双人游戏，我方的第二辆坦克程序也请大家自己思考如何开发。

程序清单如下：

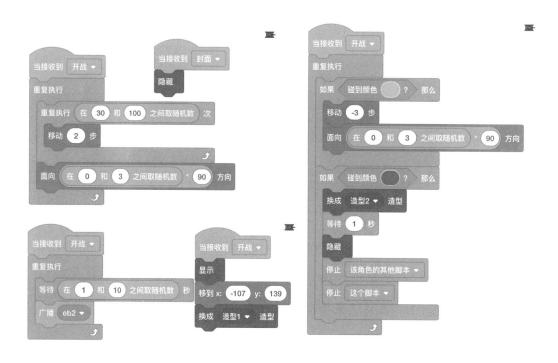

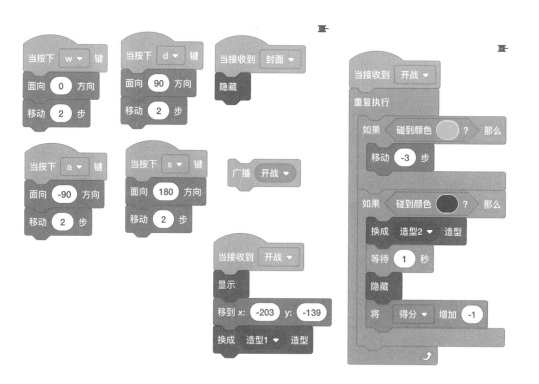

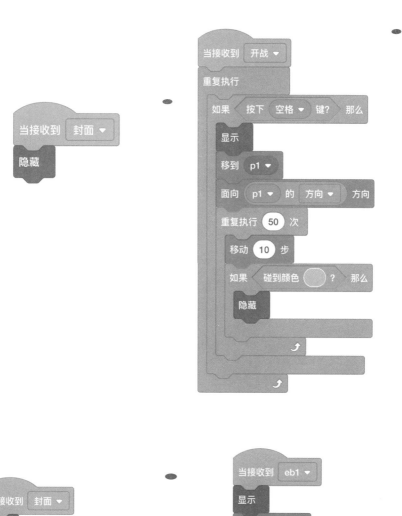

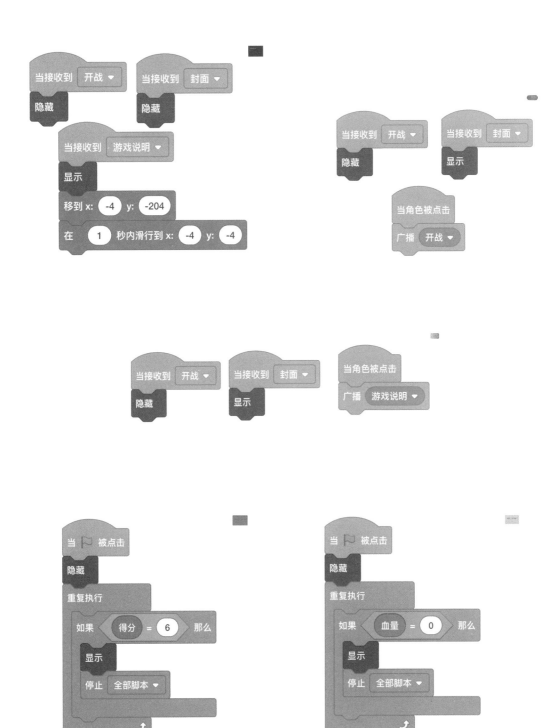

附　录

图形化编程能力划分为三个等级，每级分别规定相应的总体要求及对核心知识点的掌握程度和对知识点的能力要求。依据 NCT 进行的编程能力等级测试和认证，均应使用图形化编程平台，应符合相应等级的总体要求及对核心知识点的掌握程度和对知识点的能力要求。

本部分不限定图形化编程平台的具体产品，基于典型图形化编程平台的应用案例作为示例和资料性附录给出。

青少年编程能力等级（图形化编程）共包括三个级别，具体描述如表 1 所示。

表 1　图形化编程能力等级划分

等　级	能力要求	能力要求说明
图形化编程一级	基本图形化编程能力	掌握图形化编程平台的使用,应用顺序、循环、选择三种基本的程序结构，编写结构良好的简单程序，解决简单问题
图形化编程二级	初步程序设计能力	掌握更多编程知识和技能，能够根据实际问题的需求设计和编写程序，解决复杂问题，创作编程作品，具备一定的计算思维
图形化编程三级	算法设计与应用能力	综合应用所学的编程知识和技能，合理地选择数据结构和算法，设计和编写程序解决实际问题，完成复杂项目，具备良好的计算思维和设计思维

图形化编程一级核心知识点及能力要求

1. 综合能力及适用性要求

要求能够使用图形化编程平台，应用顺序、循环、选择三种基本的程序结构，编写结构良好的简单程序，解决简单问题。

例：编程实现接苹果的小游戏，苹果每次从舞台上方随机位置出现并下落。如果落出舞台或者被篮子接到就隐藏，然后重新在舞台上方随机位置出现，并重复下落。被篮子接到游戏分数加一。

图形化编程一级综合能力要求分为如下几项：

——编程技术能力：能够阅读并理解简单的脚本，并能预测脚本运行结果；能够通过观察运行结果的方式对简单程序进行调试；能够为变量、消息进行规范命名；

——应用能力：能够应用图形化编程环境编写简单程序，解决一些简单的问题；

——创新能力：能够使用图形化编程环境创作包含单个场景、少量角色的简单动画或者小游戏。

图形化编程一级与青少年学业存在如下适用性要求：

——阅读能力要求：认识一定量汉字并能够阅读简单中文内容；

——数学能力要求：掌握简单的整数四则运算；了解小数的概念；了解方向和角度的概念；

——操作能力要求：基本掌握鼠标和键盘的使用。

2. 核心知识点能力要求

图形化编程一级包括 14 个核心知识点，具体说明如表 2 所示。

表2　图形化编程一级核心知识点及能力要求

编　号	名　　称	能力要求
1	图形化编辑器的使用	了解图形化编程的基本概念，了解图形化编程平台的组成和常见功能，能够熟练使用一种图形化编程平台的基础功能
1.1	图形化编辑器的基本要素	掌握图形化编辑器的基本要素之间的关系 例：舞台、角色、造型、脚本之间的关系
1.2	图形化编辑器主要区域的划分及使用	掌握图形化编辑器的基本区域的划分及基本使用方法 例：了解舞台区、角色区、指令模块区、脚本区的划分；掌握如何添加角色、背景、音乐等素材
1.3	脚本编辑器的使用	掌握脚本编辑器的使用，能够拖拽指令模块拼搭成脚本，能够修改指令模块中的参数
1.4	编辑工具的基本使用	了解基本编辑工具的功能，能够使用基本编辑工具编辑背景、造型，以及录制和编辑声音
1.5	基本文件操作	了解基本的文件操作，能够使用功能组件打开、新建、命名和保存文件
1.6	程序的启动和停止	掌握使用功能组件启动和停止程序的方法 例：能够使用平台工具自带的开始和终止按钮启动和停止程序
2	常见指令模块的使用	掌握常见的指令模块，能够使用基础指令模块编写脚本实现相关功能
2.1	背景移动和变换	掌握背景移动和旋转的指令模块，能够实现背景移动和变换 例：进行背景的切换
2.2	角色平移和旋转	掌握角色平移和旋转的指令模块，能够实现角色的平移和旋转
2.3	控制角色运动方向	掌握控制角色运动方向的指令模块，能够控制角色运动的方向
2.4	角色的显示、隐藏	掌握角色显示、隐藏的指令模块，能够实现角色的显示和隐藏
2.5	造型的切换	掌握造型切换的指令模块，能够实现造型的切换
2.6	设置角色的外观属性	掌握设置角色外观属性的指令模块，能够设置角色的外观属性 例：能够改变角色的颜色或者大小

续表

编　号	名　称	能力要求
2.7	音乐或音效的播放	掌握播放音乐相关的指令模块，能够实现音乐的播放
2.8	侦测功能	掌握颜色、距离、按键、鼠标、碰到角色的指令模块，能够对颜色、距离、按键、鼠标、碰到角色进行侦测
2.9	输入、输出互动	掌握询问和答复指令模块，能够使用询问和答复指令模块实现输入、输出互动
3	二维坐标系基本概念	了解二维坐标系的基本概念
3.1	二维坐标的表示	了解用 (x,y) 表达二维坐标的方式
3.2	位置与坐标	了解 x、y 的值对坐标位置的影响 例：了解当 y 值减少，角色在舞台上沿竖直方向下落
4	画板编辑器的基本使用	掌握画板编辑器的基本绘图功能
4.1	绘制简单角色造型或背景	掌握图形绘制和颜色填充的方法，能够进行简单角色造型或背景图案的设计 例：使用画板设计绘制一个简单的人物角色造型
4.2	图形的复制及删除	掌握图形复制和删除的方法
4.3	图层的概念	了解图层的概念，能够使用图层来设计造型或背景
5	基本运算操作	了解运算相关指令模块，完成简单的运算和操作
5.1	算术运算	掌握加减乘除运算指令模块，完成自然数的四则运算
5.2	关系运算	掌握关系运算指令模块，完成简单的数值比较 例：判断游戏分数是否大于某个数值
5.3	字符串的基本操作	了解字符串的概念和基本操作，包括字符串的拼接和长度检测 例：将输入的字符串"12"和"cm"拼接成"12cm"；或者判断输入字符串的长度是否是 11 位
5.4	随机数	了解随机数指令模块，能够生成随机的整数 例：生成大小在 –200 到 200 之间的随机数
6	画笔功能	掌握抬笔、落笔、清空、设置画笔属性及印章指令模块，能够绘制出简单的几何图形 例：使用画笔绘制三角形和正方形

编　号	名　称	能力要求
7	事件	了解事件的基本概念,能够正确使用点击开始按钮、键盘按下、角色被点击事件 例:能够利用方向键控制角色上下左右移动
8	消息的广播与处理	了解广播和消息处理的机制,能够利用广播指令模块实现两个角色间的消息的单向传递
8.1	定义广播消息	掌握广播消息指令模块,能够使用指令模块定义广播消息并合理命名
8.2	广播消息的处理	掌握收到广播消息指令模块,让角色接收对应消息并执行相关脚本
9	变量	了解变量的概念,能够创建变量并且在程序中简单使用 例:用变量实现游戏的计分功能,接苹果游戏中苹果碰到篮子得分加一
10	基本程序结构	了解顺序、循环、选择结构的概念,掌握三种结构组合使用,编写简单程序
10.1	顺序结构	掌握顺序结构的概念,理解程序是按照指令顺序一步一步执行的
10.2	循环结构	了解循环结构的概念,掌握重复执行指令模块,实现无限循环、有次数的循环
10.3	选择结构	了解选择结构的概念,掌握单分支和双分支的条件判断
11	程序调试	了解调试的概念,能够通过观察程序的运行结果对简单程序进行调试
12	思维导图与流程图	了解思维导图和流程图的概念,能够使用思维导图辅助程序设计,能够识读简单的流程图
13	知识产权与信息安全	了解知识产权与信息安全的基本概念,具备初步的版权意识和信息安全意识
13.1	知识产权	了解知识产权的概念,尊重他人劳动成果 例:在对他人的作品进行改编或者在自己的作品中使用他人的成果,要先征求他人同意
13.2	密码的使用	了解密码的用途,能够正确设置密码并对他人保密,来保护自己的账号安全
14	虚拟社区中的道德与礼仪	了解在虚拟社区上与他人进行交流的基本礼仪,尊重他人的观点,礼貌用语

参考答案